李高效生产及绿色防控技术

方 波 等编著

中国农业出版社

北 京

图书在版编目（CIP）数据

李高效生产及绿色防控技术／方波等编著 . —北京：中国农业出版社，2022.6（2022.7重印）

ISBN 978 - 7 - 109 - 29444 - 8

Ⅰ.①李… Ⅱ.①方… Ⅲ.①李－果树园艺 Ⅳ.①S662.3

中国版本图书馆 CIP 数据核字（2022）第 087378 号

中国农业出版社出版

地址：北京市朝阳区麦子店街 18 号楼

邮编：100125

责任编辑：李　瑜　黄　宇　　文字编辑：刘　佳

版式设计：王　晨　　责任校对：沙凯霖

印刷：北京通州皇家印刷厂

版次：2022 年 6 月第 1 版

印次：2022 年 7 月北京第 2 次印刷

发行：新华书店北京发行所

开本：880mm×1230mm　1/32

印张：5.25　　插页：6

字数：135 千字

定价：35.00 元

《李高效生产及绿色防控技术》

编著人员

主　　编　方　波

副 主 编　赵　倩　谭　平　刘仁鹏　高伦江

编著人员　（按姓氏笔画排序）

刁　源（重庆市农业科学院）

于　杰（西南大学）

方　波（重庆市农业科学院）

刘仁鹏（巫山县果品产业发展中心）

刘圣维（重庆市农业科学院）

杨　丽（重庆市农业科学院）

吴常彬（国光作物品质调控技术研究院）

武　峥（重庆市农业科学院）

周进军（国光作物品质调控技术研究院）

赵　倩（重庆市农业科学院）

高伦江（重庆市农业科学院）

唐　君（巫山县果品产业发展中心）

黄　明（巫山县果品产业发展中心）

曾小峰（重庆市农业科学院）

寇琳羚（重庆市农业技术推广总站）

漆信同（国光作物品质调控技术研究院）

谭　平（重庆市农业科学院）

重庆市巫山脆李研究院

重庆市农业科学院青年创新团队项目 (NKY‑2019QC08)　资助
　　　　　　　　　　　　　　　　　　　　　　　　　　　　出版
重庆市农业科学院乡村振兴科技支撑行动

前　　言

李是我国重要的落叶果树之一，栽培历史悠久，是我国传统的"五果"（桃、李、杏、枣和栗）之一。中国作为中国李的起源中心和分布中心，几乎各省区均有李的分布，尤其在边远山区、民族地区和欠发达地区李分布较多。由于部分李处于自然分布或半栽培状态，加之过去对特色果树种类的资源、育种和产业技术的重视、研究不够，李的单产长期以来不及其他果树，产业化程度也较低。近年来，在果业结构调整和果品消费升级、多样化需求突出的背景下，在国家推动巩固拓展脱贫攻坚成果同乡村振兴有效衔接，支持特色产业发展的形势影响下，李产业迅速发展，栽培面积、产量迅速增长，尤其在我国西南地区如四川、重庆、贵州等地增长迅速，2020 年，三省（直辖市）总栽培面积超过 35 万公顷，重庆市栽培面积 9.59 万公顷，已成为脱贫致富、乡村振兴的重要支柱产业之一。

重庆位于中国内陆西南部、长江上游、三峡库区腹心位置，集大城市、大农村、大山区、大库区于一体，丘陵和山地占 90% 以上。特殊的地理、地形、地貌及气候条件，适宜李的栽培。作为重庆市政府主导发展的三大水果之一，以果实翠绿、果粉厚、外观美、品质好、酥脆爽口的巫山脆李为主要品种的重庆市李产业，已成为促进农民增收、提升农业效益的重要优势特色产业。但重庆李产业高速发展的同时，存在的问题也日趋凸显，品种单一、熟期集中、裂果、采后处理及加工等技术滞后等问题尚未完全解决。为使广大李种植者、相关从业人员更好地掌握李生产技术，促进标准化生产，实现李产业提质增效，达到农民增收、产业振兴的目的，特编写《李高效生产及绿色防控技术》一书。

本书立足生产实际，结合笔者科研成果和实地经验，吸收基层推广部门和种植业主的实践经验，从李产业发展现状、生物学特性及营养价值出发，重点介绍了李绿色高效栽培技术、病虫害防治、贮运保鲜与加工等内容，兼顾专业性和实用性，力求简明扼要、可操作性强，不仅适合从事李栽培研究和技术推广的科技人员使用，还可供基层农业技术推广人员、种植者等在生产过程中参考。

本书在编写过程中，参考和引用了国内外的相关专著、论文及图表。得到了中国园艺学会李杏分会相关专家的指导以及重庆市农业农村委员会、重庆市科学技术局、重庆市农业科学院的关心和支持，在此一并表示衷心感谢。

本书编著人员虽力求精益求精，但因水平有限，书中内容的疏漏、不足甚至错误在所难免，敬请各位同行专家和读者批评指正。

编著者

2022 年 5 月于重庆

目　　录

第一章 李产业发展现状

一、中国李产业现状

（一）栽培历史

我国李栽培历史久远，原始居民就有采食野生李果的习惯，先民的长期定居生活是造成李、杏等果树出现人控种群的基础，认识到果树的价值，开始有意识地种植。

李是中国栽培历史最久的果树之一，《诗经》中就有不少关于李的诗句，如"投我以桃，报之以李""丘中有李，彼留之子"和"投我以木李，报之以琼玖。匪报也，永以为好也"等。《山海经》中记载有灵山"其木多桃、李、梅、杏"。《尔雅》中记载有"棕虑李""无实李"和"赤李"3个品种。《广志》记载，汉代修上林苑，收集李品种15个。古籍中记载的李品种众多，如《洛阳花木记》中记载的李品种有御皇李、麝香李、胡天李、黄干李、麦熟李、珍珠李、真桃李、粉香李、小桃李、偏缝李、密缘李、栋枝李、牛心李、紫灰李、冬李、晚李、焦红李等，其中如牛心李、御皇李等品种名，至今仍在沿用。在近代的考古发掘中，曾发掘出新石器和战国时代的李核遗存，证明远在5 000多年前，人们就有采食李果实的习惯。《两京记》记载，唐朝东都洛阳的嘉庆坊出产一种品质优良的李，称之为"嘉庆子"，逐渐成为李的别名，后来李干的生产增多，"嘉庆子"这个名称被用来专指李干。

《齐民要术》记载"李性坚，实晚，五岁始子，是以藉栽"。据考证，"藕栽"指自根繁殖，即包括扦插、压条、分株等无性繁殖方法。《洛阳花木记》中最早记载有李的嫁接繁殖，应用在李上的砧木有桃、李、杏、梅，不同的砧木其成活率、寿命、果实风味不同，该书还提出李的栽培距离，且"树大连阴，则子细而味不佳""太密则子小而不脆"。1857年清代的王逢辰撰写的《槜李谱》，是我国历史上关于李的专著，书中分别从字义、栽种、分植、远移、接换、枯蛀、花实、采摘、收贮、真伪、形体、价值、爪痕等28个方面加以论述，如关于大小年结果的"花时晴雨调匀，则结子必繁，可望大年；久晴过燥，久雨过湿，则子必稀少，即为小年；所最忌者雾，四五月中若遇连朝重雾，子必尽落"。关于采摘的"逐日清晨视其树上，青颗变为黄晕，若兰花色，且须透出朱砂红斑点，方可采摘。过青太生，过红太熟"。

（二）栽培区域分布

李是我国分布最为广泛的果树之一，几乎各省份均有野生或栽培。据调查，除青藏高原高海拔地区外，南至广东，北至黑龙江，从东南沿海到新疆，都有栽培或野生的李资源，垂直分布最高可达海拔4 000米。中国李历经3 000多年的栽培与驯化，自然形成一南一北两大产区，南方产区为李生产和加工的传统产区，北方为我国鲜食李产区。

1. 南方产区　南方产区是我国最大的李生产与加工出口区，包括长江、秦岭、淮河以南区域。

（1）区域分布。本区包括江苏、安徽、浙江、福建、台湾、湖北、湖南、江西、广东、广西、四川、重庆、贵州、云南等，是我国亚热带和热带果树的生长区域。

（2）生态条件。本区主要属于亚热带至热带湿润季风气候，云南、贵州、四川有部分温带、亚热带高原气候，主要分布在我国东部秦岭淮河以南、热带季风气候型以北、青藏高原以东的地带。夏季炎热，最热月平均气温大于22 ℃，气温的季节变化显著，四季分明。年降水量一般在1 000～1 500毫米。同温带季风气候相比，季节变化基本相似，只是冬季气温相对较高，年降水量增多。年积温在 4 500～8 000 ℃，最冷月平均气温 0～15 ℃，是热带与温带的过渡地带。本区受夏季风影响大，雨季长。每年 5 月夏季风从华南沿海登陆，雨季开始。6、7 月夏季风势力增强北抬，形成江淮准静止锋，阴雨连绵，主要影响长江中下游地区和淮河流域。7、8 月易形成伏旱。9 月降雨锋面南移至该区域，10 月以后冷空气势力进一步增强，夏季风移出该区域，雨季结束。此外，西南地区常受西南季风影响，北方地区的冷空气及西南气流受地形阻挡而形成，常出现连绵阴雨天气。

（3）资源品种。本区有中国李（包括变种椋李）、欧洲李、美洲李和樱桃李（红叶李变种）。中国李为主栽品种，其中华东、华中、华南栽培品种多样。李资源耐高温，不耐寒冷。李果实较大，红肉类型较多，比较有代表性的有福建的芙蓉李、椋李，浙江的槜李，广东的三华李、南华李，四川的江安李、青脆李、脆红李。

（4）主要产地。南方产区是全国李的最大产区，传统产地有江苏、福建、浙江、江西、湖南、广东等地，具体有江苏徐州、浙江东阳、福建永泰、广东信宜等。近年来李在西南地区发展迅速，如贵州、重庆、四川，栽培面积增长快，其中贵州已成为国内李栽培面积第一大省，产地有贵州遵义、铜仁，重庆巫山，四川宜宾，云南昆明等。

2. 北方产区 北方产区的李主要以鲜食为主，包括东北、华北及西北地区。

（1）区域分布。本区包括黑龙江、辽宁、吉林、河北、河南、山东、山西、陕西、甘肃、青海、宁夏和新疆等地，是我国冷凉带到温带落叶果树栽培区。

（2）生态条件。本区主要是温带大陆性气候和温带季风气候。冬季气温低于 0 ℃，夏季气温高于 20 ℃，四季气温变化分明。最冷月出现在 1 月，最热月在 7 月。全年降水量少，而且季节分配不均，降水集中在夏季。北方地区年降水量多在 400～800 毫米，降水集中在 7、8 月，这两个月是北方地区的汛期。每年的春季少雨，常有干旱，春旱严重。

(3) 资源品种。 本区主要栽培种为中国李，部分为欧洲李、杏李和少量的樱桃李、美洲乌苏里李。其中东北地区李资源具有抗寒力强的特点，华北地区李品种资源丰富、果实较大，除新疆主要以欧洲李为栽培品种外，西北其他地区均以中国李为主栽品种，李资源抗寒、抗旱、果实较小。

(4) 主要产地。 东北为李的传统主产区，其中的辽宁锦西、盖州等地栽培时间久、种植集中，辽宁的设施栽培李技术在国内领先。河北易县、昌黎，山东莱阳，河南济源等地栽培欧洲李较多。新疆是欧洲李的原产地，近年来引进欧洲李品种试栽、筛选，主要集中在新疆轮台、和硕、塔城、伽师、阿克苏等地。

(三) 主要栽培品种

作为原产我国的传统果树，李的品种资源十分丰富，现在生产上应用的栽培品种，既有地方特色品种，也有国外引进品种及选育品种。世界李属植物有 19～40 个种，我国现有 9 个，整理载入《中国果树志·李卷》的品种资源有 719 份。

20 世纪 70 年代以前，我国李多为农户房前屋后零星栽培，品种大多为地方传统品种或自然实生系，同名异物、同物异名现象普遍，没有开展专业的李品种资源研究。改革开放以后，辽宁省果树科学研究所开始在全国范围进行李杏资源调查和收集，对李品种资源进行系统鉴定、评价和开发利用，随着市场需求的变化，种植趋于良种化，品种去劣选优，逐渐出现集中栽培的区域性良种，如福建的芙蓉李、棕李，吉林长春的跃进李，辽宁的香蕉李，浙江的槜李、广东的三华李等。

据不完全统计，截至 2019 年，我国自主育成、通过品种审定并正式发表的李品种有 76 个，东北三省的科研单位育成品种 39 个，占总数的 52%，是我国李育种的主要单位，其次是新疆、山西、陕西、广东等省份的科研院所。表 1 以时间为顺序归纳了近

70 年我国育成的李品种。

表 1　我国育成的李品种

序号	品种名称	亲本/系谱 (母本×父本)	用途	杂交或审定 时间/年	培育单位
1	六号李	窑门李×红干核	鲜食	1956	吉林省农业科学院
2	绥棱红 (北方 1 号)	小黄李×福摩萨	鲜食	1964	黑龙江省农业科学院 浆果研究所
3	奎冠	窑门李实生	鲜食	1969	新疆奎屯农七师果树 研究所
4	金吉李	济源黄甘李芽变	鲜食	1970	河南省林业科学研 究院
5	绥李 3 号	寺田李实生	鲜食	1972	黑龙江省农业科学院 浆果研究所
6	奎丰	窑门李实生	鲜食	1975	新疆奎屯农七师果树 研究所
7	奎丽	窑门李实生	鲜食	1976	新疆奎屯农七师果树 研究所
8	长李 7 号	六号李实生	鲜食	1979	长春市郊区铁北园艺 试验站
9	长李 17	六号李实生	鲜食	1979	长春市郊区铁北园艺 试验站
10	龙园蜜李	横道河子大红李× 福摩萨	鲜食	1980	黑龙江省农业科学院 园艺研究所
11	黄甘李 1 号	黄甘李实生	鲜食	1980	河南省济源市林业工 作站
12	矮甜李	六号李×福摩萨	鲜食	1981	黑龙江省农业科学院 牡丹江农业科学研究所

（续）

序号	品种名称	亲本/系谱 （母本×父本）	用途	杂交或审定 时间/年	培育单位
13	牡丰李	巴彦大红袍×七月红	鲜食	1981	黑龙江省农业科学院牡丹江农业科学研究所
14	长李84	六号李×西瓜李	鲜食	1981	吉林省农业科学院果树研究所
15	牡红甜李	巴彦大红袍×七月红	鲜食	1982	黑龙江省农业科学院牡丹江农业科学研究所
16	龙园秋李	九三杏梅×福摩萨	鲜食	1982	黑龙江省农业科学院园艺研究所
17	吉胜李	（血肉李×绥李3号）×晚紫李	鲜食	1982	中国农业科学院特产研究所/吉林省舒兰市园艺研究所
18	秋甜李	黄水李×小核李	鲜食	1982	黑龙江省农业科学院牡丹江农业科学研究所
19	龙园早李	九三杏梅×福摩萨	鲜食	1982	黑龙江省农业科学院园艺分院
20	龙园早桃李	黄干核李×福摩萨	鲜食	1982	黑龙江省农业科学院园艺分院
21	特早红李	早红袍×绥棱红	鲜食	1982	长春市郊区铁北园艺试验站
22	吉晚桃李	（血肉李×绥李3号）×晚紫李	鲜食	1982	吉林省舒兰市福顺园艺试验场
23	长李109	六号李×西瓜李	鲜食	1983	吉林省长春市农业科学院
24	新李1号	六号李×西瓜李	鲜食	1983	新疆奎屯市果树研究所
25	长李15	绥棱红×美国李	鲜食	1983	吉林省长春市农业科学院

（续）

序号	品种名称	亲本/系谱 （母本×父本）	用途	杂交或审定 时间/年	培育单位
26	吉红李	1号李×大晚李	鲜食	1984	吉林市丰满区园林果树场
27	晚金玉	六号李×大叶伏李	鲜食	1984	吉林省农业科学院
28	金帅李	小黄李芽变	鲜食	1987	沈阳市东陵区东祥果园
29	关公李	麦黄李×三月甜	鲜食	1988	湖北省当阳市
30	龙园桃李	龙园蜜李芽变	鲜食	1988	黑龙江省农业科学院园艺分院
31	红星李	中国李实生	鲜食	1988	吉林省农业科学院果树研究所
32	迟花芙蓉李	芙蓉李实生	鲜食	1989	福建省永泰县农业局
33	秦红李	幸运李实生	鲜食	1989	西北农林科技大学园艺学院
34	吉中大	大紫李×吉红李	鲜食	1989	吉林省农业科学院
35	长春彩叶李	中国李×紫叶李	观赏	1991	吉林省农业科学院果树研究所
36	北国红	孔雀蛋实生×紫叶李	观赏	1991	吉林省农业科学院果树研究所
37	吉祥晚李	吉红李×吉林晚李	鲜食	1991	吉林省农业科学院
38	鸡蛋李	Susino Precoce del Italia 实生	鲜食/加工	1992	山西省农业科学院果树研究所
39	紫晶李	意大利李实生	鲜食	1992	山西省农业科学院果树研究所
40	巴山脆李	青脆李实生	鲜食	1993	四川农业大学园艺学院
41	金皇后杏李	杏、李自然杂交	鲜食	1994	陕西省果树研究所
42	苹果李	广东华南李×江西芙蓉李	鲜食	1995	江西省泰和县苏溪良种示范研究园

（续）

序号	品种名称	亲本/系谱（母本×父本）	用途	杂交或审定时间/年	培育单位
43	安农美李	中国李实生	鲜食	1998	安徽农业大学
44	红晶李	天目蜜李变异单株	鲜食	1996	浙江省宁海县农林局
45	一品丹枫	孔雀蛋实生×长春彩叶李	观赏/鲜食	1996	中国农业科学院果树研究所、吉林省农业科学院果树研究所
46	金山李	小黄李实生	鲜食	1996	吉林省农业科学院果树研究所
47	白脆鸡麻李	三华李实生	鲜食	1996	华南农业大学园艺学院
48	绥李5号	绥李3号×月光李	鲜食	1997	黑龙江省农业科学院浆果研究所
49	金满堂	小黄干核芽变	鲜食	1997	吉林省农业科学院
50	龙滩珍珠李	野生李实生	鲜食	1998	广西大学农学院
51	三红李子	中国李芽变	观赏	1998	新疆库尔勒垦区土壤肥料化验中心
52	华蜜大蜜李	三华李实生	鲜食	1998	华南农业大学园艺学院
53	将军红李	地方品种实生	鲜食	1998	山东省临沂市费县新世纪果树园艺场
54	绥江半边红李	半边红李实生	鲜食	1999	云南省昭通市绥江县农业技术推广中心
55	岳寒红叶	变叶李×长李15	观赏	2000	辽宁省果树科学研究所
56	南阳大红李	中国李实生	鲜食	2001	河南省南阳市宛城区辛店乡
57	L0630	红叶李芽变	观赏	2002	江苏省沿江地区农业科学研究所
58	秋香李	香蕉李芽变	鲜食	2003	辽宁省果树科学研究所

（续）

序号	品种名称	亲本/系谱（母本×父本）	用途	杂交或审定时间/年	培育单位
59	歪嘴李	中国李芽变	鲜食	2003	重庆市渝北区果经技术推广站
60	松祥桃李	吉胜李实生	鲜食	2003	吉林省舒兰市园艺研究所
61	岭溪李	竹丝李实生	鲜食	2003	华南农业大学园艺学院
62	迟花芙蓉李	地方品种芽变	鲜食	2003	福建省永泰县经济作物站
63	森果红露	野生樱桃李实生	鲜食	2004	山东农业大学
64	国美	龙园秋李×安哥诺	鲜食	2004	辽宁省果树科学研究所
65	华秀李	秋姬芽变	鲜食	2007	江苏省东海县牛山果树综合实验场
66	味馨	引种选育	鲜食	2009	中国林业科学院
67	晚金玉	杂交育种	鲜食	2014	吉林省农业科学院果树研究所
68	巫山脆李	江安大白李芽变	鲜食	2016	巫山县果品产业发展中心、西南大学、重庆市农业技术推广总站
69	金翠李	青脆李实生	鲜食	2016	开县果品技术推广站、重庆市农业技术推广总站、重庆市农业科学院
70	吉中大	杂交育种	鲜食	2017	吉林省农业科学院果树研究所
71	粉黛脆李	万州青脆李实生	鲜食	2018	重庆市万州区果树技术推广站
72	晚霜脆李	万州青脆李实生	鲜食	2018	重庆市万州区果树技术推广站

（续）

序号	品种名称	亲本/系谱（母本×父本）	用途	杂交或审定时间/年	培育单位
73	中李3号	实生选育	鲜食	2019	中国农业科学院郑州果树研究所
74	兴华李	三华李实生	鲜食加工	2019	华南农业大学园艺学院
75	晚黄金	油棕芽变	鲜食	2019	福建省农业科学院果树研究所
76	宛青	巫山脆李实生	鲜食	2019	重庆市农业科学院、巫山县果品产业发展中心

（四）产业发展现状

1. 生产现状 据联合国粮食及农业组织数据，2019年中国李栽培面积210.91万公顷，占世界李栽培总面积的77%；产量700.38万吨，占世界李总产量的56%。中国李的栽培面积和总产量长期居世界第一位，李已由传统的零星栽培发展为现代商品性生产，为我国重要的落叶果树之一。

2. 研究现状

（1）种质资源研究。自1981年农业部下达建设国家果树种质资源圃开始，辽宁省果树科学研究所开始组织全国相关科研单位、大专院校系统进行了全国李种质资源考察、收集、保存、鉴定、评价工作，并于1986年建立国家果树种质熊岳李杏圃，截至2018年底，该圃共保存李属资源9个种、734份资源。

中国是中国李的起源中心和分布中心。张加延等在李种质资源考察中发现云南西双版纳地区有李资源分布。郭忠仁等在南方7省的李资源考察中，指出贵州省盘县（现盘州）至云南泸水、祥云、中甸一带有野生中国李分布，黔南山区的李资源均为中国李，品种多、分布广，类型分豆李与苦李，广东北江上游地区也有野生李分布，经长期选择，逐渐驯化出耐湿热、需冷量小于600小时的地方品种。张静茹等认为在东北高寒地区（北纬 44°～53°）有 4 个李种的分布或栽培，集中在北纬 44°～48°，品种多为中国李或乌苏里李地方品种。

通过简单重复序列间扩增（ISSR）分析，表明贵州分布的中国李多样性极为丰富（$I = 0.508$）。通过表型数据的主成分分析，认为南方品种群位于分布图中心，是最为原始的类型。通过孢粉学观察，也认为南方李比北方李原始，中国李的传播是从南向北进行的，且在传播过程中逐渐形成了进化程度不一的品种。用 3 种分子标记对中国李资源多样性分析，表明中国李资源的遗传基础广，并将中国李品种分为南方品种群和北方品种群两大类。简单重复序列（SSR）的聚类结果将中国李品种群划分为 3 个品种群，即东北品种群、北方品种群以及南方和国外品种群。北方品种群的形成与杏李相关，东北品种群的形成与乌苏里李有关，国外育成品种与我国南方品种亲缘关系较近。事实上，国外李栽培品种是我国某地区栽培李经由日本传到美国后与近缘种美洲李或樱桃李等杂交改良形成的，但并没有确切记录。

植物育种家布尔班克在现代李育种早期，就利用中国李、杏李与本地樱李组的美洲李等进行杂交，以提高栽培品种的适应性。后来，在美国加利福尼亚州李育种中，经过 70 多年的李和杏人工杂交育种，选育出 Pluot、Plumcot 和 Aprium 等一系列品种，这些品种果实色泽艳丽、香气浓郁、风味独特，丰富了果树品种，我国 21 世纪初引进的恐龙蛋、味帝、风味皇后等是该类型的系列品种。尽管将这些人工杂交形成的品种也称为"杏李"，但与杏李（*Prunus simonii* Carr.）是两种完全不同的植物。

（2）遗传与育种研究。 我国最早的李育成品种为 1956 年由吉林省农业科学院从地方品种窑门李（也称东北美丽）和红干核杂交种子后代中筛选出的单株六号李（也称跃进李），该品种在随后的长李系品种选育中发挥了重要作用。随后 20 世纪 60—70 年代，处于高寒地区的黑龙江、吉林等省果树科研单位及大学院校针对寒冷气候环境开展了寒地李新品种育种研究，相继培育出绥棱红、绥李

3号和长李7号、长李17等品种。为了满足果树生产中对李新品种的需求，我国育种工作者从20世纪五六十年代开始了以抗寒、丰产、优质为目标的李育种工作。同一时期，我国新疆奎屯农七师果树研究所，以来自我国东北地区的窑门李为母本，通过自然实生方式先后选育出奎冠、奎丽和奎丰3个优质品种，该时期的育种方式主要以实生选种为主。随后的20年，我国李育种研究工作发展到一个新的阶段，以黑龙江、吉林两省为主的果树科研单位及大学院校，通过人工杂交和实生选种选育一批李新品种，为我国开展现代李遗传育种研究奠定了基础，其中一些品种，如抗寒、极早熟品种长李15和大果、丰产的龙园秋李等在我国李产业发展中发挥了积极作用。自2000年开始，我国各地农业科研单位及大学院校纷纷开展李品种育种工作，包括黑龙江、吉林、辽宁、河南、陕西、山东、山西、重庆、浙江、福建和广东等省市的十几家科研单位，培育了包括秋香李、牡丰李、红晶李、巴山脆李、巫山脆李等优良李新品种。纵观我国历年育成的李品种，主要是通过实生和杂交方式获得，以地方品种实生选种或中国李种间杂交为主，芽变品种占少数。分析我国历年育成的李品种系谱发现，在我国选育的李品种中大多数亲本是具有我国地域特点的地方优良品种，且直接或间接来自少数几个亲本，如东北育成品种中的福摩萨、六号李、绥棱红和绥李3号。一般地讲，我国李地方品种鲜食品质佳、适应性强，但外观差、不耐贮运；国外引进品种外观好、耐贮运，但鲜食品质欠佳、适应性较差。因此，针对我国李种质资源特点、产业需求、育种现状，提出我国李品种改良的路径，即利用地方优质、适应性广、抗病性强的品种与国外引进的外观美、耐贮运品种杂交，选育优质、耐贮、高抗的李新品种。辽宁省果树科学研究所国家果树种质熊岳李杏圃主要利用国外引进的外观好、耐贮运品种与国内优质、适应性强的地方优良品种进行杂交，选育出了国美、国丽和国峰李新品种（系），由于兼具地方品种优质、适应性强和国外引进品种果肉较硬、外观好的特点，表现出明显的应用潜力。

(3) 栽培生理研究。 不同品种李果实成分以不同种类糖为主，而果酸的主要成分是苹果酸，成熟期和生长期会影响果实的糖酸含量。中晚熟品种含糖量高，早熟品种含糖量相对较低。生长期越长，成熟期果实含酸量越低。糖酸比大小排列为晚熟品种＞中熟品种＞早熟品种。李果实中糖含量均随着果实的生长发育而不断增加，果实成熟期是糖积累的关键时期，而幼果期是苹果酸积累的关键时期。果实中糖酸比随发育不断升高，在成熟时达到最高。李果实维生素 C 含量也较高，维生素 C 含量在果实发育过程中的变化规律为早期最高，之后逐渐降低，成熟时达到最低点。

矿质营养可以通过影响树体生长水平间接影响李果实品质。钾不仅能够改善果实的外观品质，还能够显著地提高果实的内在品质，并且可以明显地提高果实的贮运性。果实表皮细胞与下皮层细胞生长速度不同步是果皮胀裂的原因，为了有效防止李裂果问题，从乙烯利抑制果实水分超量吸收和赤霉素（GA₃）促进表皮增长角度入手，比较分析不同处理果实内物质含量及果皮细胞结构差异，结果表明，采收前 30 天左右向果实均匀喷布 0.5 克/升乙烯利，并于翌日再用 0.5 克/升 GA₃ 喷布 1 次可有效防止李裂果，并可提高果实可溶性糖、维生素 C 含量。

水分状况是影响果树生长、果品产量和果实品质的最重要环境因子之一。在环境供水不足的干旱或半干旱地区，果树耐旱性是限制其分布和正常生长的关键因子。李根系浅，抗旱能力差。严重干旱条件下，李的渗透调节和维持膨压能力受到限制。

（4）采后贮运与加工研究。采收成熟度是影响李果实采后食用品质和商品性状的重要因素。采收成熟度过低，李果实在低温贮藏中容易出现冷害；采收成熟度过高，容易过快软化，缩短货架期。采前 GA₃ 处理显著降低李果实低温贮藏期间的冷害指数与褐变指数，可有效维持果实冷藏期间细胞膜完整性、抑制丙二醛（MDA）积累。采后经 1%氯化钙溶液处理后，能减缓贮藏期间果实硬度和果胶含量的变化，延长贮藏期。贮藏前或贮藏期间，用 1-甲基环丙烯（1-MCP）处理显著抑制青脆李、沙子空心李、脱骨李、巫山脆李的呼吸作用和乙烯释放速率，并降低两者的峰值；保持果实细胞膜的完整性,降低多酚氧化酶(PPO)活性和酚类物质的消耗,减少褐变。李的加工有干制(红干、乌干、去皮李干)、糖制(糖水罐头、李蜜饯、李果脯、李果酱、话李)、果汁和果酒等。欧洲李主要用于加工李干,用于鲜食有增加的趋势。

二、重庆李产业现状

(一)产业发展现状

重庆位于中国内陆西南部、长江上游、三峡库区腹心位置,集大城市、大农村、大山区、大库区于一体,丘陵和山地占90%以上。特殊的地理、地形、地貌条件,形成了库区冬暖夏热、无霜期长、雨量充沛、温润多阴、雨热同期的典型亚热带季风湿润气候,适宜柑橘、李等水果的栽培。截至2020年,重庆市水果栽培面积50万公顷,产量495.88万吨。李作为重庆市"十三五"农业产业和农业科技重点培育的特色效益果业,近几年来,产业一直呈快速发展的势头,截至2020年,李栽培面积9.59万公顷,产量达68.7万吨。与2014年的2.93万公顷相比,年均增长率保持在21%以上。全市37个涉农区县中,李栽培面积超过1 000公顷的有20个区县,这20个区县面积总和占到全市李种植面积的90.76%。

以巫山县为中心,包括巫溪县、奉节县、云阳县、开州区、万州区等区县,海拔500～1 000米的库区,地理区位、气候条件等优势明显,2018年,《重庆市脆李、脐橙、龙眼荔枝三大水果产业发展方案》中,把上述6个区县规划为"巫山脆李"品牌种植区,品牌种植区脆李栽培面积4.39万公顷,其中投产面积2.06万公顷,产量30.3万吨,产值22.26亿元,已成为库区支撑脱贫增收、提升农业产业效益的优势特色产业之一。

(二)产业发展的问题与建议

1. 主要问题

(1)立地条件差,职业果农缺乏。巫山脆李地处三峡库区中高山区，以丘陵坡地和低山缓坡地为主，道路、排灌等基础设施不足，立地条件差、土壤贫瘠。以小规模的新型经营主体及农户生产为主，部分种植者以前并无果树种植经验，且农村青壮年劳动力外出务工，现有经营者年龄偏大、受教育程度不高，职业果农缺乏，不适应果业现代化发展的需要。

（2）市场销售压力大。巫山脆李为青脆李系列品种，主要分布在海拔 500～1 000 米的范围，成熟期多数集中在 7 月上旬的 15 天左右，按 2022 年全重庆市预计发展到 10 万公顷，其中 5 万公顷达到盛果期计算，预计每年有近 75 万吨青脆李集中在 15 天左右上市，上市期短、产量高、销售压力大。

（3）病虫害暴发及裂果，果实品质难以保障。规模化的栽植带来不同程度的病虫害暴发等问题，如红点病、袋果病、褐腐病、银叶病等，病害可防可控，但是一旦发病就会导致死树或果实完全丧失商品价值。另外，受气候及土壤条件等因素影响，近年来裂果发生尤为严重，加上成熟期正值高温天气，果实软化快，影响其商品性及货架期。

2. 发展思考及建议

（1）健全三级技术人员体系，推广标准化栽培技术。开展"县-乡-户"三级技术人员的培训，做到县乡两级有专家，种植户会管理，鼓励发展相应的社会化服务组织，解决技术落实困难、劳动力缺乏等问题。在生产管理及采收销售上，统一生产与产品标准，统一公共品牌。在老果园改造、标准园新建上，因地制宜地按照机械化、管线化、省力化的原则开展建设。

（2）做好区域规划，推广熟期调控技术。按小单元、集群化的模式，形成连片集中发展优势区，通过品种搭配、海拔布局拉开果品供应期。通过不同海拔区域布局、新品种培育等措施，形成成熟期从 7 月初到 8 月底的合理分布。

（3）推广病虫害及裂果防控技术，保障果实品质。开展重大病虫害的预警及防控研究工作，主要从苗木病毒检测、发病初期监控及预防、不同病虫害综合防治等方面入手，推广综合防治技术。从园地水肥管理、土壤管理、化学防治上开展李果实裂果的研究及推广，推广适度延长果实货架期的技术。

◆ 主要参考文献

陈红，杨迤然，2014. 贵州李资源遗传多样性及亲缘关系的 ISSR 分析 [J]. 果树学报，31（2）：175 - 180.

杜红岩，李芳东，傅大立，等，2005. 中晚熟杏李种间杂交新品种'味王'[J]. 园艺学报，32（1）：168 - 174.

郭翠红，何业华，冯筠庭，等，2015. 广东省李产业发展现状调查 [J]. 经济林研究，33（1）：141 - 146.

郭忠仁，2006. 我国南方中国李种质资源收集和利用研究 [D]. 南京：南京农业大学.

刘硕，刘有春，刘宁，等，2016. 李属（*Prunus*）果树品种资源果实糖和酸的组分及其构成差异 [J]. 中国农业科学，49（16）：3188 - 3198.

刘硕，徐铭，张玉萍，等，2018. 我国李育种研究进展、存在问题和展望 [J]. 果树学报，35（2）：231 - 245.

魏潇，章秋平，刘宁，等，2019. 不同来源中国李（*Prunus salicina* L.）的多样性与近缘种关系 [J]. 中国农业科学，52（3）：568 - 578.

吴振林，2012. 李裂果病防治研究 [J]. 园艺学报，39（12）：2361 - 2368.

徐铭，刘威生，孙猛，等，2015. 优质李新品种'国美'的选育 [J]. 果树学报，32（3）：514 - 516.

郁香荷，章秋平，刘威生，等，2011. 中国李种质资源形态和农艺性状的遗传多样性分析 [J]. 植物遗传资源学报，12（3）：402 - 407.

张加延，2015. 中国果树科学与实践：李 [M]. 西安：陕西科学技术出版社.

张加延，周恩，1998. 中国果树志：李卷 [M]. 北京：中国林业出版社.

赵倩，方波，牛滢，2019. 1 - MCP 对巫山脆李低温贮藏期果实品质及细胞壁成分的影响 [J]. 西南农业学报，32（12）：2933 - 2938.

赵树堂，关军锋，孟庆瑞，等，2004. 李果实发育过程中糖、酸、维生素 C 含量的变化 [J]. 果树学报（6）：612 - 614.

左力辉，韩志校，梁海永，等，2015. 不同产地中国李资源遗传多样性 SSR 分析 [J]. 园艺学报，42（1）：111 - 118.

第二章 李生物学特性及营养价值

一、李属植物介绍

(一) 李属植物及起源

李是世界上重要的核果类果树种类之一。远在新石器时代或战国时代，我们的祖先就采食李果，而李的栽培历史悠久，至少有3 000年，是我国传统的"五果"（即桃、李、杏、枣和栗）之一。

中国李（*Prunus salicina* Lindl.），过去曾被称为日本李（Japanese plum），实际上起源于中国长江流域。中国是中国李的起源中心和分布中心，在中国湖北、云南至今仍有野生的中国李分布，乃至有上百年生的古树。中国李分布广泛、环境适应性强，几乎在我国各省区均有分布或栽培，著名的地方品种如浙江的槜李，福建的椶李、芙蓉李，广东的三华李，贵州的蜂糖李，云南的玫瑰李，四川的脆红李，重庆的青脆李，陕西的玉皇李，山东的平顶香，东北的窑门李，等等。日本于200～400年前从中国引进中国李栽培，美国于1870年从日本引进中国李，之后由美国传到欧洲和世界各地。

樱桃李野生或栽培于欧亚大陆，原产于巴尔干半岛到高加索山区、西亚地区。在新疆伊犁河下游北岸发现也有野生樱桃李的自然群落，并且多样性丰富，说明中国新疆是野生樱桃李的起源地之一。

杏李原产于中国华北和西北的东部，但至今未发现有野生类型存在，1867年由西孟氏（Eugene Simon）将此种的种子传入法国栽植，1880年传入美国，现日本以及美洲、欧洲的许多国家均有栽培。

欧洲李的起源存在颇多争议，比较普遍的观点是六倍体的欧洲李起源于二倍体的樱桃李和四倍体的黑刺李的种间杂种，通过三倍体杂种的染色体加倍或双亲$2n$配子体的形成，产生可育的六倍体。这种种间杂种可能是欧洲李的祖先，并通过种子传播的方式从伊朗、小亚细亚传到欧洲。刘威生认为欧洲李可能是由黑刺李演化而来的，而黑刺李本身可能融合了樱桃李和其他李的基因。在土耳其海拔1 900米的山坡曾发现过欧洲李的土著或自然化的群落。在我国新疆伊犁发现了野生的欧洲李分布，但在附近并未发现樱桃李或黑刺李分布，因而认为欧洲李的种子可能通过丝绸之路来到新疆，并在那里自然繁殖。

（二）李属植物主要种及分布

李为蔷薇科（Rosaceae）李亚科（Prunoideae）李属（*Prunus*）植物。全世界李属植物有19～40个种，其中有些是种间杂交种，我国现有或保存的有中国李（*P. salicina* Lindl.）、杏李（*P. simonii* Carr.）、欧洲李（*P. domestica* L.）、美洲李（*P. americana* Marsh.）、加拿大李（*P. nigra* Ait.）、樱桃李（*P. cerasifera* Ehrhart）、乌苏里李（*P. ussuriensis* Kov. et Kost.）、乌荆子李（*P. insititia* L.）和黑刺李（*P. spinosa* L.）共9个种。

李属植物主要分布于北半球温带，现已广泛栽培，中国李是我国和日本的主要栽培种，欧洲栽培的主要是欧洲李，北美洲栽培的主要是美洲李。我国原产及常见栽培的李有7种。

二、李生物学特性

李生物学特性，是指李品种本身所具备的特有性状，包括它的器官组织、生长习性、开花结果习性、物候期等性状。品种不同，其生物学特性也不同。

（一）形态特征

中国李，落叶乔木，高 9～12 米；树冠广圆形，树皮灰褐色，起伏不平；老枝紫褐色或红褐色，无毛；小枝黄红色，无毛；冬芽卵圆形，红紫色，有数枚覆瓦状排列鳞片，通常无毛，稀鳞片，边缘有极稀疏毛。叶片长圆倒卵形、长椭圆形，稀长圆卵形，长 6～12 厘米，宽 3～5 厘米，先端渐尖、急尖或短尾尖，基部楔形，边缘有圆钝重锯齿，常混有单锯齿，幼时齿尖带腺，上面深绿色，有光泽，侧脉 6～10 对，不达到叶片边缘，与主脉呈 45°角，两面均无毛，有时下面沿主脉有稀疏柔毛或脉腋有髯毛；托叶膜质，线形，先端渐尖，边缘有腺，早落；叶柄长 1～2 厘米，通常无毛，顶端有 2 个腺体或无，有时在叶片基部边缘有腺体。花通常 3 朵并生，花直径 1.5～2.2 厘米；花梗 1～2 厘米，通常无毛；萼筒钟状；萼片长圆卵形，长约 5 毫米，先端急尖或圆钝，边有疏齿，与萼筒近等长，萼筒和萼片外面均无毛，内面在萼筒基部被疏柔毛；花瓣白色，长圆倒卵形，先端啮蚀状，基部楔形，有明显带紫色脉纹，具短爪，着生在萼筒边缘，比萼筒长 2～3 倍；雄蕊多数，花丝长短不等，排成不规则 2 轮，比花瓣短；雌蕊 1 个，柱头盘状，花柱比雄蕊稍长。核果球形、卵球形或近圆锥形，直径 3.5～5.0 厘米，栽培品种可达 7 厘米，黄色或红色，有时为绿色或紫色，梗凹陷入，顶端微尖，基部有纵沟，外被蜡粉；核卵圆形或长圆形，有皱纹。花期 4 月，果期 7—8 月。

1. **根** 李为浅根性果树，吸收根主要分布在 20～40 厘米深的土层中，水平根分布范围通常比树冠大 1～2 倍，垂直根的分布因立地条件和砧木不同而异。在土层较厚、肥力较好的土壤，垂直根分布可达 4～6 米，但大量垂直根则分布于 20～80 厘米的土层内；在土壤肥力较差、土层很薄的山地或丘陵，垂直根主要分布在 15～30 厘米的土层内。嫁接李的砧木不同，其根系分布也有很大差异。毛樱桃为砧木的李根系分布浅，0～20 厘米的根系占全根量的 60% 以上，而以毛桃和山杏为砧木的分别为 49.3% 和 28.1%。李砧深层根系分布多，毛桃砧介于李砧和毛樱桃砧木之间。

2. 芽 李的芽有花芽和叶芽两种。多数品种在当年生枝条的基部形成单叶芽，在枝条的中部多为花芽和叶芽并生形成复芽，而在枝条的近顶端又形成单叶芽。各种枝条的顶芽均为叶芽。

李的花芽为纯花芽，每个花芽包含 1~4 朵花。叶芽萌发后抽生发育枝，根据芽在枝节上的着生情况，可分为单芽和复芽。单芽多为叶芽。两个芽并生的多为 1 个叶芽和 1 个花芽，也有 2 个芽都是花芽。3 个芽并生的，多数中间是叶芽，两侧是花芽，也有 2 个叶芽与 1 个花芽并列或 3 个花芽并列。个别情况下 1 个叶腋内可有 4 个芽（图 1）。

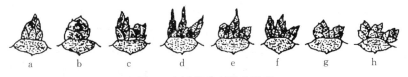

图 1　李树芽着生形态示意
a. 叶芽（单芽）　b. 花芽（单芽）　c~h. 复芽

单花芽和复花芽的数量及其在枝条上的分布，与品种特性、枝条类型以及枝条的营养和光照状况有关。同一品种内复花芽比单花芽结的果大，含糖量高。复花芽多，花芽着生节位低，花芽充实，排列紧凑是丰产性状之一。

李新梢上的芽当年可以萌发，连续形成二次梢或三次梢，这种具有早熟性芽的树种树体枝量大，进入结果期早。李的萌芽力强，一般条件下所有的芽基本都能萌发。成枝力中等，一般延长枝先端发 2~3 个发育枝，以下则为短果枝和花束状果枝，层性明显。

李潜伏芽的寿命长，据辽宁锦西调查，30 多年生的秋李树枝基部的潜伏芽仍能抽生新梢。

3. 枝 李的枝根据枝条的性质可分为营养枝和结果枝两类。

（1）营养枝。一般指当年生新梢，生长较壮，组织比较充实，营养枝上着生叶芽，叶芽抽生新梢，扩大树冠和形成新的枝组。其中处于各级主、侧枝先端的为各级延长枝。幼树的发育枝经过选择、修剪，可培养成各级骨干枝，是构成良好树冠的基础。

（2）结果枝。着生花芽并开花结果的枝条称为结果枝。根据结果枝的长短和花芽着生的状况，结果枝分为以下5种类型（图2）：

① 徒长性果枝。长1米左右，枝条的下部多为叶芽，上部多为复花芽，副梢少而发生较晚。生长过旺，花弱果小，结果后仍能萌发较旺新梢，故常利用其培养健壮枝组。此类枝多发生在树冠内膛及上部延长枝上。

② 长果枝。枝条长30～60厘米，发育充实，一般不发生副梢。中部复芽较多，不仅结果能力强，而且还能形成健壮的花束状果枝，为以后连续结果打下基础。此类枝多发生在主、侧枝的中部。

图2　李结果枝类型
1. 徒长性果枝　2. 长果枝
3. 中果枝　4. 短果枝
5. 花束状果枝

③ 中果枝。长15～30厘米，其上部和下部多单花芽，中部多复花芽。结果后也可抽生花束状果枝。

④ 短果枝。长5～15厘米，其上多为单花芽，复芽少。2～3年生短果枝结实力高，5年生以上结实力减退。

⑤ 花束状果枝。长度在5厘米以下，除顶芽为叶芽外，其下为排列密集的花芽。花束状果枝粗壮，花芽发育充实，坐果多，果个大，但坐果过多，会影响顶端叶芽的延伸，甚至枯死。

（二）物候期

李的物候期就是与当年气候季节性变化相吻合的李生长发育的规律性变化日程，反映了李内部生理机能或外部形态上的变化。李的物候期不仅年年重复，而且也有一定的顺序性和规律性。因此，了解和掌握李的物候期，有利于科学地安排栽培管理活动，制订栽培措施。李的物候期因品种、环境条件的不同有较大差异，下面以重庆市巫山县海拔 400～500 米地区栽植的巫山脆李新品种宛青为例描述物候期。

1. **根系生长期**　从 2 月中旬开始，至 11 月下旬结束。整个生长期长达 9 个多月，其中幼树 1 年有 3 次根系生长高峰期。

(1) 第一次根系生长高峰期。2 月下旬开始至 3 月上旬进入旺盛生长期，能见到较多的白色新根。

(2) 第二次根系生长高峰期。5 月上旬至 5 月下旬，在果实迅速膨大期和夏梢萌发期之前；高峰期时间短。

(3) 第三次根系生长高峰期。7 月中旬至 10 月上旬，根的生长高峰期较长，生长量较多。

2. **萌芽期**　花芽萌动期为 3 月初，3 月上旬露白，3 月上中旬初花，3 月下旬进入盛花期及末花期，花期持续 10～20 天。

3. **新梢生长期**　4 月初第一次抽梢期，5 月下旬第二次抽梢期，6 月下旬第三次抽梢期。幼龄树每年萌发新梢 3～4 次，成年树每年萌发新梢 2～3 次，其中，4 月上旬至 5 月上旬为春梢生长高峰。李常因春梢旺发，造成大量落花落果，为提高坐果率，应控制早春梢的抽生。6 月下旬果实采收后至 8 月上旬为夏梢的生长高峰期，夏梢是李的主要结果母枝，但夏梢抽生过长，对结果不利，因此，要将夏梢控制在 15 厘米以下，以枝粗叶厚为最好。8 月中旬至 9 月底为秋梢的生长高峰期，秋梢萌发会影响春、夏梢上的花芽发育，因此，在春、夏梢数量充足时，应控制秋梢抽生，避免夏梢花芽因营养不足而萎缩。

4. **展叶期**　春梢初展叶期在 3 月下旬，4 月叶片生长最快，成年树的春梢在 5 月叶片生长最快。

5. **落叶期**　11 月中下旬落叶。

6. **花芽分化期**　7 月下旬开始至 11 月底结束，少数持续到 12 月。生理分化期比形态分化期早 15～30 天。先期分化的为雌蕊退化花序，至 8 月上中旬开始，才是正常花序的分化。

7. 开花期 3月上中旬至下旬，整个花期为 20 天左右。不同年份的气温、雨量等条件不同，始花期和整个花期会有不同，个别年份花期长达 1 个月。

8. 落花落果期 3月下旬为李落花期，因萌发春梢而影响坐果。凡是春梢早发、旺发的树体，落花落果严重。4月中旬至 5 月上旬为落果期，5月上旬至 6 月初，李常因穿孔病等的发生引起落果，天气晴好，坐果合理的树一般采前落果较轻。

9. 果实发育期 果实发育主要有 3 个时期：4月果实进入第一次迅速生长期，6月果实进入第二次缓慢生长期，7月上旬至 8 月初果实进入第三次迅速生长期至成熟期。此时果实迅速膨大，并且横径生长占优势，继而转色成熟。

10. 果实成熟期 8月上旬果实成熟，果实发育期 130 天左右，但因海拔高度、温度和雨水的影响，果实成熟期有早有晚。

（三）生态习性

1. 根系

（1）砧木。 李栽培上应用的多为嫁接苗，砧木绝大部分为实生苗，少数为根蘖苗。李的根系属浅根，多分布于距地表 5～40 厘米的土层内，但由于砧木种类不同，根系分布的深浅有所不同。

（2）根系活动规律。 根系的活动受温度、湿度、通气状况、土壤营养状况以及树体营养状况的制约。

根系一般无自然休眠期，只是在低温下才被迫休眠，温度适宜一年之内均可生长。地温达到 5～7 ℃ 时，即可发生新根，15～22 ℃为根系活跃期，超过 22 ℃根系生长减缓。

土壤湿度影响土壤温度和透气性，也影响土壤养分的利用状况，土壤水分为田间持水量的 60%～80% 是根系适宜的湿度，过高过低均不利于根系的生长。

根系的生长节奏与地上部各器官的活动密切相关。一般幼树一年中根系有 3 次生长高峰：一般春季温度升高根系开始进入生长高峰，随开花坐果及新梢旺长生长减缓；当新梢进入缓慢生长期时，根系进入第二次生长高峰，随果实膨大及雨季秋梢旺长又进入缓慢生长期；采果后秋梢近停长、地温下降时，进入第三次生长高峰。成年李树一年只有 2 次发根高峰。春季根系活动后，生长缓慢，直到新梢停止生长时出现第一次发根高峰，这是全年的发根季节；到了秋季，出现第二次发根高峰，但这次高峰不明显，持续的时间也不长。

了解李根系生长节奏及适宜的条件，对指导李施肥、灌水等重要的农业技术措施有重要的意义。

2. **枝、芽**　李的芽分为花芽和叶芽两种：花芽为纯花芽，每芽中有 1～4 朵花；叶芽萌发后抽枝长叶，枝叶的生长同样与环境条件及栽培技术密切相关。李在一年之中的生长有一定节奏性。如早春萌芽后，新梢生长较慢，有 7～10 天的叶簇期，叶片小，节间短，芽较小，主要依靠树体前一年的贮藏营养。随气温升高，根系的生长和叶片增多，新梢进入旺盛生长期，此期枝条节间长，叶片大，叶腋间的芽充实、饱满，芽体大，是水分临界期，对水分反应较敏感，要注意水分的管理，不要过多或过少。此期过后，新梢生长减缓，中、短梢停长积累养分，花芽进入旺盛分化期。雨季后新梢又进入一次旺长期——秋梢生长。秋梢生长要适当控制，注意排水和旺枝的控制，以防幼树越冬抽条及冻害的发生。

（四）对环境的要求

1. **温度**　李对温度的要求因种类和品种而异。中国李对温度的适应性强，在北方冬季低温地带和南方炎热地区均可栽培。欧洲李原产西亚和欧洲，适于在温暖地区栽培，抗寒力不如中国李。美洲李比较耐寒，在我国吉林、黑龙江等地栽培较多，不加特殊保护即可越冬。

李生长季节的适温为 20～30 ℃，开花最适温度为 12～16 ℃。李花期易受低温冻害，不同发育期的有害低温也不相同，花蕾期为 －5 ℃，开花期为 －2.7 ℃，幼果期为 －1.1 ℃。李开花较早，花期易受霜害，在重庆地区海拔超过 1 000 米区域要注意李花期冻害，建园时要注意选择地势和坡向。

2. **水分** 李为浅根树种，因品种、砧木不同对水分要求有所不同。欧洲李喜湿润环境，中国李则适应性较强。毛桃砧一般抗旱性差，耐涝性较强；山桃砧耐涝性差抗旱性强；毛樱桃砧根系浅，不太抗旱。因此，在较干旱地区栽培李时应保障灌溉条件，在低洼黏重的土壤上种植李时要注意雨季排涝。

3. **土壤** 对土壤的适应性以中国李最强，几乎在各种土壤上均有较强的适应能力，欧洲李、美洲李适应性不如中国李，但所有李均以土层深厚的沙壤或中壤土栽培表现好。黏性土壤和沙性过强的土壤应加以改良。

4. **光照** 李为喜光树种，通风透光良好的果园和树体果实着色好，糖分高，枝条粗壮，花芽饱满。阴坡和树膛内光照差的地方果实成熟晚，品质差，枝条细弱，叶片薄。因此，栽植李应在光照较好的地方并将李树修整成合理的树形，对李的高产优质十分必要。

三、李营养成分和营养价值

（一）营养成分

李味道鲜美，含有大量对人体健康有益的物质，除了含有丰富的糖、酸外，还含有维生素、矿物质、膳食纤维及多酚类物质等。据美国农业部营养数据库数据显示，在成熟的李中，每100克可食部分含有热量192.5千焦、水分87.2克、碳水化合物11.4克、糖9.92克、膳食纤维1.4克、脂肪0.28克、蛋白质0.7克、维生素C9.5毫克、维生素A 17微克、β-胡萝卜素190微克、叶黄素和玉米黄素35微克、维生素B_1 0.028毫克、钾157毫克、钙6毫克、铁0.17毫克、锌0.1毫克。在不同地域、生长环境、品种等条件下，李的营养成分含量及品质会存在一定差异，因其独特口感、滋味、营养成分等而各具特色。

1. **糖、酸** 水果的风味，包括气味和口味两个方面，水果最重要的口味甜和酸由糖和有机酸生成。水果的甜、酸味道并不仅仅是甜味和酸味的简单叠加，而是糖和酸的组合，既与糖和酸的含量有关，也与糖和酸的种类和比例有关。果实中的有机酸具有改善消化道活动和增进食欲的作用，不同种类有机酸的酸感和酸味强度不同，不同有机酸的组合和含量的差异使果实具有独特风味。

贾展慧以椟李和油椟为试验材料，利用高效液相色谱（HPLC）法测定了果实中糖、酸组分和含量，2个品种的果实中都检测出山梨醇、蔗糖、葡萄糖和果糖，且葡萄糖含量最高，果糖次之，山梨醇和蔗糖含量最低。赵树堂等测定分析了4个李品种果实生长期间主要糖、酸、维生素C含量的变化规律，结果发现，李果实发育过程中主要糖的变化规律基本一致，即发育初期蔗糖几乎无积累，果糖含量较低，葡萄糖的含量相对较高；果实发育过程中，葡萄糖含量增长缓慢，果糖含量持续增加；发育后期蔗糖积累明显。不同品种间的各类糖含量不同，随果实发育，果酸和维生素C含量逐渐降低。王东辉等通过对不同树龄的李果实内在营养成分含量的测定，发现低龄李树（5、10年生）总糖含量相对低于高龄李树（20、30年生）。宋俊伟以大石早生李、李王、黑琥珀李、安哥诺李4种李为试验材料，通过连续2年的试验，分析3种不同肥料处理的李园土壤养分状况对果实产量品质的影响，结果发现，农家肥将4种李的可溶性糖含量分别提高了49.39%、42.91%、20.27%、26.45%，可滴定酸含量分别降低了19.47%、31.38%、15.43%、19.99%。刘硕采用高效液相色谱法检测了57个李品种果实的糖、酸成分和含量。结果发现除欧洲李以外，其他均以蔗糖为主，其次是葡萄糖和果糖，苹果酸是主要有机酸。野生种类型不含蔗糖，主要是葡萄糖、果糖和山梨醇，苹果酸是主要的有机酸，其次是奎宁酸；中国李以蔗糖为主，其次是葡萄糖和果糖，苹果酸是主要的有机酸；在主栽类型中，欧洲李果实糖、酸组成不同于其他类型，以葡萄糖和山梨醇为主，奎宁酸和苹果酸是主要的有机酸组分，因此形成二者不同的风味。李芳东等用滴定法对杏李的糖、酸含量进行分析，发现恐龙蛋、味帝、味厚等杏李品种果实的总糖含量显著高于黑李子，而有机酸含量低于黑李子。杜改改以风味玫瑰、恐龙蛋、味帝、味王、味厚和风味皇后 6 个杏李品种为试验材料，利用高效液相色谱法测定果实中糖、酸的组分和含量。通过对比发现 6 个杏李品种果实中，4 种糖的平均含量顺序为葡萄糖＞果糖＞蔗糖＞山梨醇，总糖含量为风味皇后＞味王＞恐龙蛋＞味帝＞味厚＞风味玫瑰；6 个杏李品种果实中，7 种有机酸平均含量为苹果酸＞酒石酸＞奎宁酸＞琥珀酸＞草酸＞枸橼酸＞莽草酸，总酸含量为风味玫瑰＞味王＞味帝＞味厚＞风味皇后＞恐龙蛋，其中风味皇后中不含琥珀酸，味厚中不含莽草酸。

2. 维生素 C　维生素 C 是人体必需的维生素，不能自身合成，参与人体新陈代谢，缺乏维生素 C 会引发坏血病。维生素 C 广泛存在于水果和蔬菜中，主要以 L-抗坏血酸的形式出现，其功效最强。在人体氧化还原代谢反应中维生素 C 起调节作用，维生素 C 有促进胶原蛋白和结缔组织的合成、促进伤口愈合的作用。维生素 C 作为高效抗氧化剂，可以清除体内的活性氧基团和一些自由基，达到保护细胞免遭氧化损害的作用。维生素 C 还可以增强免疫功能，预防癌症，促进机体对铁的吸收等。张佰清以晚香蕉李为试验材料，研究了采收成熟度对其贮藏品质的影响，发现维生素 C 含量呈现早期下降后期略有上升的趋势。贮藏中高成熟度果实能维持较高的维生素 C 含量，中成熟度果实次之，低成熟度果实维生素 C 含量最低，表明维生素 C 含量与果实的成熟度有着密切的关系。马李一以李为试验材料加以不同的中草药杀菌剂涂膜保鲜处理，研究李生理代谢和贮藏品质的变化，发现中草药杀菌涂膜保鲜液对李的常温贮藏保鲜有明显的实用效果，这是因为提取液杀菌剂的主要杀菌成分为黄酮类、酚类等物质，其本身就是天然抗氧化剂，可在果皮上形成吸氧层，减缓维生素 C 的氧化破坏作用，能保持较高维生素 C 含量。

3. 类胡萝卜素　在植物中，类胡萝卜素是植物光合系统正确组成不可或缺的部分，是花瓣、果实和彩色叶片等中的主要色素。类胡萝卜素广泛存在于果实中，且常与叶绿素共存，在黄桃、胡萝卜、番茄、杏中含量较高。果实中85%的类胡萝卜素为β-胡萝卜素，颜色主要表现为黄、橙、红。自然界中已发现1 100余种类胡萝卜素且数量还在增加，有番茄红素、α-胡萝卜素、β-胡萝卜素、虾青素、叶黄素、玉米黄质、隐黄质和紫黄质等。

周丹蓉以14个李品种为试验材料，测定果皮中花色素苷、类黄酮和类胡萝卜素含量，果皮提取物清除羟自由基、超氧阴离子自由基和1，1-二苯基-2-三硝基苯肼（DPPH）自由基能力。通过对比分析发现花色素苷含量与类胡萝卜素含量极显著正相关（P<0.01），类胡萝卜素的含量与果皮提取物清除羟自由基、超氧阴离子自由基和DPPH自由基的能力呈显著正相关。通过测定果皮、果肉色泽和果皮、果肉中花色素苷、类黄酮和类胡萝卜素的含量，发现李果皮、果肉颜色越深，花色素苷及类胡萝卜素含量越高。

4. **类黄酮** 酚类物质是植物的主要次生代谢产物之一，广泛存在于谷物、蔬菜、水果和豆类等植物中，对植物的色泽和品质等都有一定影响。该物质在果树的根、皮、叶和果肉中大量存在，含量仅次于纤维素、半纤维素和木质素。李富含酚类物质，包括绿原酸、原花青苷、类黄酮、黄酮苷等。类黄酮又称黄酮类化合物，是从高等植物中提取出的可食用的低分子量多酚类物质的总称，是目前种类最多的酚类化合物，植物的花色形成与其息息相关。自然界中最常见的黄酮类化合物是花青苷、黄酮和黄酮醇。崔艳涛以6～7年生、生长健壮的李果实为试验材料，研究了4个李品种果实发育过程中色素类物质的含量，通过对比类黄酮含量发现，李果实色泽发育中，类黄酮含量呈先下降后提高的趋势。张元慧以10个成熟李品种为试验材料，分别测定果皮和果肉类黄酮的含量，发现美丽李、黑宝石、红肉李和长李15果皮中类黄酮含量较多，且显著高于其他品种，大玫瑰的类黄酮含量最低，在果肉中大石早生和安哥诺类黄酮含量最高，其他品种含量较低且差别不大。

5. **花青苷** 李果实中主要的花青苷为矢车菊素-3-葡萄糖苷（cyanidin-3-glucoside）和矢车菊素-3-芸香糖苷（cyanidin-3-rutinoside）。张元慧通过测定大石早生、龙园秋李、黑宝石和安哥诺 4 个李品种在果实发育过程中果皮花青苷的含量，发现在李果实成熟之前花青苷才开始大量积累，到成熟时达最大值。周丹蓉以14 个李品种为试验材料，测定果皮和果肉中花青苷含量并进行差异比较，发现不同品种间花青苷含量存在极显著差异，且花青苷含量越多，果皮及果肉颜色越深。张学英以不同色泽的李为试验材料，优化了李果皮花青苷的浸提方法，即 5 毫升 pH 为 2 的甲醇甲酸提取液在 4 ℃下浸提 8 小时较好；建立了李果实花青苷的 HPLC 测定方法，用 4 种花青苷标样检测发现，李果皮中的花青苷主要是矢车菊素-3-葡萄糖苷和矢车菊素-3-芸香糖苷；分析了不同色泽李果皮内花青苷的种类含量，发现果皮呈现绿色和黄色的李果皮不含有花青苷，且花青苷含量越多果皮颜色越深。张义从 6—8 月各品种李果实着色前期开始，每隔 7 天采摘红色的大红李、青色的棕李和黑色的黑宝石 3 个品种的果实，测定并比较了各品种果实在成熟过程中果皮色素的变化，发现果实成熟过程中，黑宝石和大红李花青苷含量都呈现上升的趋势，而叶绿素含量呈下降状态；棕李的花青苷含量很低，且变化不大，叶绿素含量先升后降。王瑾以红肉李果实为试验材料，测定果实发育期间花青苷、叶绿素、可溶性糖、酸含量并分析各含量间的变化，最后比较花青苷合成与叶绿素、可溶性糖、酸代谢之间的关系，结果发现，红肉李果实发育早期花青苷含量较低，但发育后期花青苷大量合成，采收时花青苷含量最高，红肉李果实中叶绿素降解大部分完成时，花青苷开始不断合成，花青苷合成与可溶性糖的含量关系较密切；随着花青苷含量的增加，可溶性糖含量增加，当可溶性糖含量积累到一定程度，花青苷迅速积累，当糖含量达到一定数值后，则不再是花青苷积累的限制因素；当酸含量下降到一定程度后，花青苷才大量积累，果实采收前红肉李果实中酸含量和花青苷含量共同增长。

6. 香气成分　香气成分是构成和影响果品鲜食、加工质量及典型性的主要因素。果实香气成分的形成是一个动态的过程，其成分和含量在果实各发育时期以及采后贮藏期都会发生一系列的变化。果实的特征香气一般情况下在果实早期是不存在的，它随着果实的成熟逐渐形成。李果实中已鉴定出100多种香气成分，包括醇类、酮类、醛类、酯类、内酯类、萜类等物质。Ismail 等对 Marjorie's Seedling、Victoria、NA 10 和 Merton Gem 等4个欧洲李品种的香气成分进行了研究，认为壬醛、γ-十二内酯、苯甲醛、γ-辛内酯、1-己醇和2-苯乙醇等8种香气成分对欧洲李果实的香气贡献较大。Cláudia 等同时用蒸馏和顶空固相微萃取法从欧洲李 Rain-ha Cláudia Verde 果实中提取出81种香气成分，其中辛酸乙酯、壬醛、苯甲醛、丁香酚、棕榈酸等11种成分的香气值大于1，是 Rain-ha Cláudia Verde 果实的特征香气成分。李泰山对风味玫瑰、味帝、味王、恐龙蛋、味厚和风味皇后6个杏李品种果实中的香气组分与含量进行测定，结果表明6个杏李品种均含有己醇、甲基庚烯酮、苯乙酮、己醛、辛醛、5-羟甲基糠醛、苯甲醛、γ-癸内酯和芳樟醇等香气成分，但未发现6个品种共有的特征香气。王华瑞运用二氯甲烷提取结合气相色谱-质谱（GC-MS）技术从黑宝石李果实中共检测出49种香气成分，主要包括醛类、醇类、酮类、酸类、酯类、内酯以及酚类等，在果实绿熟期检测出20种、着色期19种、成熟期24种、完熟期43种；其中3-羟基-2-丁酮、苯甲醛、棕榈酸、反式肉桂酸、乙酸丁酯、乙酸己酯、γ-十二内酯以及22,23-二氢豆甾醇等成分随着果实成熟含量逐渐升高，初步推断是黑宝石李的主要香气成分，对其香气形成贡献较大。果实的香气受生长环境、品种、成熟度及采后贮藏条件等诸多因素的影响。采收成熟度和采后贮藏条件是影响香气物质形成和释放的主要因素。

（二）营养价值

李品种繁多，色泽多样，果味浓郁，酸甜可口，营养丰富，富含多种矿物质、糖、酸、氨基酸和多酚类等物质。李可鲜食和制干，老少皆宜，深受消费者喜爱。李不但具有较高的营养价值，还有一定的医药价值，中医认为李性凉，味甘、酸，有清肝涤热、生津、利水之功效，主治阴虚内热、骨蒸劳热、消渴引饮、肝胆湿热、腹水、小便不利等病症。李还可美容养颜和润滑肌肤。据资料报道，李还含有抗癌物质，是集营养保健为一体的优质水果。

1. **抗氧化活性**　长期的氧化应激是形成慢性疾病及退行性疾病的重要原因。蔬菜与水果由于含有丰富的维生素 C、维生素 E、多酚、类胡萝卜素，被认为是能够抵抗氧化应激的天然食物，即具有抗氧化活性。其中欧洲李的抗氧化活性在欧美得到广泛认可，在学术界也开展了大量学术研究评估其抗氧化活性。

2. **保护机体心血管系统**　包含果胶在内的膳食纤维具有降低血液胆固醇水平，尤其是降低低密度脂蛋白胆固醇（LDL－C）水平的作用，从而降低心血管疾病发生的风险。欧洲李富含可溶性膳食纤维，100 克欧洲李鲜果中膳食纤维的含量高达 6～7 克，其中 60% 为果胶，因此欧洲李对心血管系统具有一定的保护作用。此外，由于欧洲李具有丰富的抗氧化物质，能够对脂质氧化起到抑制作用，从而发挥对心血管系统的保护作用。

3. **抗结肠癌活性**　有研究报道某些膳食纤维成分可以通过稀释粪便胆汁酸，降低结肠传输时间，增加肠腔内短链脂肪酸浓度来预防结肠癌变。李鲜果中含有的大量膳食纤维，可以在结肠中被肠道菌群发酵，产生大量的丁酸盐。丁酸盐可以调控细胞增殖和凋亡，预防脱氧核糖核苷酸（DNA）损伤。李果实中丰富的多酚类物质，是很强的过氧化物清除剂，但由于分子量过大难以被人体胃、肠道直接吸收，而在大肠部分发挥抗氧化的作用，从而起到抗结肠癌的作用。

4. **缓解老化相关的认知缺陷**　多项研究表明，摄入富含体外抗氧化活力及抗炎症活力的水果及蔬菜，尤其是深色的水果与蔬菜，对缓解老化相关的认知缺陷具有很大的帮助。李中的深色品种含有的大量具有抗氧化活力的酚类物质除了可以缓解氧化应激外，还可以发挥抗炎症的作用。动物试验研究显示，每日摄入一定量的欧洲李果汁可以有效提高高龄大鼠在水迷宫中的表现，显示出欧洲李果汁具有缓解老龄化大鼠认知缺陷的功能。

5. **缓解便秘**　早在 1972 年就有报道显示，西梅中的酚具有促进结肠运动性的效果，可以作为接触性泻药来使用。李缓解便秘的作用主要是由于其具有相当高的纤维含量。研究人员对欧洲李进行研究，欧洲李含有木糖醇和山梨糖醇，木糖醇可以促进胃排空和降低肠通过时间，山梨糖醇也具有通便的效果，并能引起肠道菌群的改变，从而缓解便秘。同时，李中含有的多酚成分也可能有辅助促进通便活性的作用。

6. 促进骨骼健康 Hooshmand 等认为，在众多营养食品中，西梅及欧洲李鲜果是目前发现的最有效的可以预防或者逆转骨钙损失的天然食品。西梅中富含新绿原酸、绿原酸等抗氧化物质，可以清除损伤性自由基，并被证明具有一定的抑制骨吸收和刺激骨形成的效果。李果实中富含的硼、钾也可能对促进骨健康起到积极作用，硼可以调控骨和钙的代谢，对维持骨密度有所帮助，钾对保持人体的骨密度有一定贡献。

7. 降压、镇咳 李核仁中含苦杏仁苷和大量的脂肪油，药理证实，它有显著的利水降压作用，同时也具有止咳祛痰的功效。

8. 美容养颜 《本草纲目》记载，李花和于面脂中，有很好的美容作用，可以"去粉滓黑黯""令人面泽"，对汗斑、脸生黑斑等有良效。

◆ **主要参考文献**

杜改改，李泰山，刁松锋，等，2017.6 个杏李品种果实甜酸风味品质分析 [J]. 果树学报（1）：41 - 49.

关军锋，2001. 果品品质研究 [M]. 石家庄：河北科学技术出版社.

何卿，孙国峰，林秦文，等，2018. 植物类胡萝卜素提取与分析技术研究进展 [J]. 植物学报，53（5）：700 - 709.

刘硕，刘有春，刘宁，等，2016. 李属（Prunus）果树品种资源果实糖和酸的组分及其构成差异 [J]. 中国农业科学（16）：3188 - 3198.

彭功波，郑先波，冀爱青，等，2010. 果树多酚类物质生理功能及应用研究进展 [J]. 中国农学通报（11）：157 - 163.

邱栋梁，2006. 果品质量学概论 [M]. 北京：化学工业出版社.

王华瑞，马燕红，王伟，等，2012. '黑宝石'李果实发育期间香气成分的组成及变化 [J]. 食品科学，33（24）：274-279.

夏延斌，2004. 食品化学 [M]. 北京：中国农业出版社.

张加延，周恩，1998. 中国果树志：李卷 [M]. 北京：中国林业出版社.

张上隆，陈昆松，2007. 果实品质形成与调控的分子生物学 [M]. 北京：中国农业出版社.

赵树堂，关军锋，孟庆瑞，等，2004. 李果实发育过程中糖、酸、维生素 C含量的变化 [J]. 果树学报（6）：612-614.

中国科学院中国植物志编辑委员会，1986. 中国植物志 [M]. 北京：科学出版社.

周丹蓉，方智振，廖汝玉，等，2013. 李果皮花色素苷、类黄酮和类胡萝卜素含量及抗氧化性研究 [J]. 营养学报，35（6）：571-576.

Liu W S, Liu N, Yu X H, et al., 2013. Plum germplasm resources and breeding in Liaoning of China [J]. Acta Horticulturae, 985：43-46.

第三章 李绿色高效栽培技术

一、重庆适宜栽培区域及品种

（一）适宜栽培区域及环境要求

1. **栽培区域与海拔** 重庆地处长江上中游地区，是青脆李的发源地之一，巫山脆李的故乡，李栽培历史悠久。从海拔175米的长江沿岸河谷地区到海拔2 000米以上的大娄山地区和大巴山地区，都有青脆李的分布。在南川海拔1 000～2 251米的金佛山和巫溪，海拔1 800～2 630米的红池坝，不仅有大量的野生李资源，也有人工栽培的地方脆李良种。

脆李成熟采收期在夏季，此期高温高湿，采后如不采取及时预冷及冷链贮运，果实软化快、品质劣变，加之目前栽植脆李成熟期多数集中在6月下旬至7月上旬，规模化栽培集中在三峡库区区县，上市期集中，果实遇连续降雨容易裂果，如结合中晚熟品种选育和垂直海拔调控，可有效延长产品供应期，减少连续降雨危害，是实现脆李优质高产的重要途径。

2. **气候环境要求** 重庆及西南地区李栽培建议海拔高度180～1 500米，最暖月的平均温度16.6℃以上，最冷月的平均气温−1.1℃以上，年平均温度8～18℃，无霜期120天以上，年降水量大于800毫米，采前一个月内的降水量不宜超过50毫米，年日照时数1 200小时以上。

（二）主要栽培品种

1. **巫山脆李** 20世纪70年代，在巫山县曲尺乡柑园村种植的青脆李中，发现一株大枝的果实与其他李果实差异显著，主要表现为丰产，果满枝头，果实大，果形端正，果实成熟采摘期为 6 月 20 日—7 月 20 日，采摘期较长。当地村民自发采用高接换种等方式进行扩繁自种，逐步形成了较大栽培规模。2007 年巫山县果树技术推广站采集母树接穗，通过嫁接子代苗木和高接换种，在曲尺乡柑园村进行品种子代遗传稳定性、丰产性试验研究。2012 年 7 月 4 日，通过市农作物品种审定委员会组织的田间鉴定。在巫山县大溪、巫峡等乡镇进行品种区试，均表现出果大、早结、丰产、抗逆性强等优点。2014 年 7 月 9 日，通过重庆市农作物新品种鉴定，定名为巫山脆李（渝品审鉴 2016015）。2018 年 4 月 23 日，巫山脆李获得国家农业农村部《植物新品种权证书》（CNA20161163.9）。截至 2020 年，巫山县巫山脆李种植面积 28 万余亩[*]，推广范围涉及巫山县、奉节县、巫溪县、云阳县、秀山县、北碚区等。

地理标志产品巫山脆李指产于重庆三峡库区巫山、巫溪、奉节、云阳、开州、万州等区县海拔 180～1 000 米区域，符合《地理标志农产品　巫山脆李》（DB50/T 901—2018）质量标准要求，平均单果重 35 克左右，果实青、脆、离核、酸甜适度，重庆地区栽培优质丰产，具有抗性适应性较强、易生产管理等特点的青脆李（彩图 1）。

2. **粉黛脆李**　2008 年，万州区分水镇石碾村 4 社发现 1 株实生李树，果实中熟，大果特性明显。2010 年，重庆市万州区金土地果业发展有限公司、重庆市万州区果树技术推广站等在分水镇石碾村 5 社进行高接换种，观察子 1 代遗传稳定性和丰产性。2012 年在石碾村 5 社取高接换种接穗，嫁接到毛桃、实生李砧上，观察子 2 代的遗传稳定性和丰产性。2014—2015 年在孙家镇田湾村、溪口乡九树村和分水镇石碾村 4 社，高接在毛桃上，进行区域性试验观察。2015 年结果后持续进行田间园艺性状观察。2017 年 7 月 28 日

　＊　亩为非法定计量单位，15 亩＝1 公顷。本书余后同。——编者注

通过重庆市农作物新品种田间鉴定。2018年4月26日通过重庆市农作物新品种鉴定，定名为粉黛脆李（渝品审鉴 2018007）。目前在重庆万州、巫溪、石柱、荣昌，四川洪雅等地种植，面积达1.5万亩。

该品种树势强健，树冠半开张，成枝力强，枝条分枝角度较大，叶色浓绿。丰产性能较好，易成花，坐果率高，幼年结果树以中、长果枝结果为主，盛果期及以后以短果枝和花束状果枝结果为主。中晚熟，抗病性良好。在万州海拔600米区域，7月下旬至8月初成熟。果实扁圆形，果顶微凹，果实较对称，缝合线浅，果粉厚，果实端正、整齐，离核，平均单果重45.53克。果皮与果肉难剥离，果肉浅黄色，果实肉质脆嫩，汁多，纤维少，果实成熟后无涩味，微香，风味浓郁，鲜食品质上等。经农业农村部柑桔及苗木质量监督检验测试中心分析，其可溶性固形物含量15%，还原糖含量6.84%，总酸含量0.82%，每100克果肉含维生素C含量2.15毫克，可食率97.95%。果实较耐贮藏，常温条件可贮藏4～6天。

桃砧嫁接容器苗栽后第二年平均株产5千克；第三年进入丰产期，平均株产20千克；第四年达到盛产期，产量约为1 650千克/亩（彩图2）。

3. **金翠李** 2014年通过重庆市农作物新品种鉴定。1999年，开县果树站在开县镇东镇金果村2社村民胡定银家后山李园发现一株8月中旬成熟的晚熟李实生树单株，在每年6月底本地青脆李成熟时，果实表现为果小、青涩、无商品价值。根蘖苗2006年开始试花结果，表现出较显著的晚熟特性，果实的果粉层明显，肉质硬脆，果肉淡黄色，离核，风味渐好，遂将其作为预选树，进行保护和连续观测。多点开展区域性、丰产性和遗传稳定性试验结果表明，其具有综合性状优良、晚熟、丰产稳定、品质优、外观色泽好、耐贮运、抗逆性强、适应性广等特点，与当地青脆李品种相比，成熟期延迟30～50天。

该品种成枝力强，树势强健，树冠半开张。3年生桃高接换种后第二年可结果；第四年进入丰产期，平均株产22千克，平均亩产达 1 100 千克；第五年达到盛产期，平均亩产约 2 000 千克。果实圆形，果尖凹入，梗洼深度浅，缝合线浅，果实较对称，果粉薄，平均单果重 21.36 克，最大果重 44.45 克。果实偏小，离核，核形卵圆形，核面粗糙，可食率 96%。果实整齐度中，果皮与果肉难剥离，果肉色泽淡黄，肉质硬脆，汁多，纤维少，风味酸甜适中，可溶性固形物 12.2%～13.5%，果实成熟后无涩味，微香味，鲜食品质中上等。果实硬度大，耐贮运，货架期长，在常温条件下贮藏适宜时间为 10～20 天，较本地青脆李长 5～15 天，在 0～2 ℃条件下贮藏适宜时间为 60 天左右（彩图 3）。

4. 宛青　宛青来源于晚熟巫山脆李实生变异，2019 年通过重庆市农作物品种审定委员会审定。该品种树势强健，树冠半开张，萌芽力与成枝力均强。在重庆巫山地区 2 月下旬花芽萌动，3 月上旬露白，3 月上中旬初花，3 月中旬进入盛花期，8 月上旬果实成熟，果实发育期 130 天左右，果实成熟期比本地巫山脆李晚熟30～40 天。3 年生脆李高接换种后，第二年可结果，第五年达到盛产期，亩产量约为 1 200 千克。果实扁圆形，果尖略凹入，梗洼浅，缝合线浅，果实较对称，果皮绿色，偶着少量红色，果粉较厚，平均单果重 30.23 克，最大果重 58 克。果实纵径 35.5 毫米，横径 40.6 毫米，离核，核形卵圆，核面粗糙。果实整齐度高，果肉淡黄或黄色，肉质硬脆，汁多，纤维少，风味酸甜，果实成熟后无涩味，可溶性固形物含量 13.1%～17.4%，可食率 97.75%，可溶性糖含量 8.42%，可滴定酸含量 0.67%，每 100 克果肉含维生素 C 含量 7.64 毫克，果实去皮硬度约 6.8 千克/厘米^2。鲜食品质中上等（彩图 4）。

适宜在海拔 100～1 200 米，土壤 pH 6.0～7.8 地区栽培。对土质要求不严，但以疏松肥沃、土壤深厚、透气性良好为佳，按照一般水平管理均能获得较高产量。该品种在巫山县于 8 月上中旬成熟，此期巫山脆李供应量下降迅速，适当提高栽培海拔，成熟期还能推迟，延长脆李的供应期。该品种果实品质优，抗病性较强，较耐贮运，市场前景较好。

二、标准园建设

（一）园地选择

就重庆市而言，宜选择海拔 200～1 200 米的山地、丘陵或平地，背风向阳、排灌良好、土质疏松、土层深厚透气性好的园地建园，避免在谷地、盆地或山坡底部等冷空气容易集结的地方建园，所处地理位置要求交通便利，水源条件良好。标准化示范区要求李栽培地区最暖月的平均温度在 16.6 ℃以上，最冷月的平均气温应该在−1.1 ℃以上，年平均温度 8～18 ℃；无霜期 120 天以上；年降水量大于 800 毫米，采前 1 个月内的降水量不宜超过 50 毫米；年日照时数 1 200 小时以上。

（二）山地宜机化果园建设

根据《中华人民共和国水土保持法》及西南地区丘陵山区实际情况，推荐两种宜机化果园建设方案。一是在地块集中连片、土层较厚、坡度小于 25°的坡地，经过土地整治，达到能够满足农业机械作业的梯台式地块；二是在坡度较大、地块较为零散的山地，通过小区合理布局、土地整治，达到小型机械可操作、省力化种植目的的园地。

1. 丘陵山区坡改梯宜机化土地整治

（1）地块清杂与梯台整治。通过挖掘机、推土机、运输机等机械清理建设范围内的杂树、杂草等杂物，清理出的树根、石块可在低洼处就近挖坑深埋，填平压实。通过实地踏勘，以较大地块为基准，因地就势，将临近的小地块归并为大地块。坡度变化不大的坡面地，选好梯台基准位置，确定放线基点，沿等高线分布，逐梯放线打桩；馒头山形的坡地，梯台沿山底自下而上分层布设。放线过程中，遇局部地形复杂处，大弯就势，小弯取直，规划建成宽度基本一致的梯台。根据作物生长特性、农艺技术及机械化作业要求，确定台面宽度。

在施工作业中，表土宜剥离就地集堆，利用挖掘机或推土机挖高填低。遇局部岩层，宜采用机械松碎后移除或深埋，页岩可利用挖掘机挖松裸露风化增厚土层。根据坡地情况，合理修建梯台间埂坎，以稳定为基础，梯台埂坎尽量由原土构成，埂坎高度宜控制在2米以内，并将梯台间坎壁夯筑牢固。

　　梯台整治成形后，将表土均匀平铺，耕层厚度达到农艺要求。每个梯台纵向坡度应小于10%，横向坡度应小于5%，里高外低，便于排水。梯台平整后，根据梯台坡向和相邻梯台雨水汇集与流向，合理布局背沟及主排水沟，背沟与主排水沟相通，主排水沟口修建沉沙凼。根据需要布置截水沟。梯台建设完成后，通过秸秆还田、绿肥种植、粪肥施用等绿色生态培肥方式，采用深松、旋耕等农业机械，及时培肥熟化土壤，增加土壤有机质含量。在梯台间坎壁上，栽植适宜的护坡植物，防止埂坎垮塌（彩图5）。

　　（2）道路建设。修建生产作业道路，路面宽度不小于3米，坡度小于15°，实现相邻梯台之间、梯台与外部道路之间互联互通，衔接顺畅。缓坡地形，道路宜呈斜线形；陡坡地形，道路宜呈S形盘旋设置。生产作业道路与梯台间应设置连接通道。进出地块坡道坡度小于20°，宽2～3米。

　　2. 山地省力化园地规划与整治　丘陵、山坡地建园小区面积视实际地形而定，随地形等高线筑成水平状梯田，栽植行沿等高线延长。山地果园的小区，可按山头或坡向来划分，最好不要跨越分水岭。小区面积以30～45亩为宜，沿等高线修筑作业道作为宽行的行向，以便于水土保持、机械操作，方便排水和耕作运输。

　　道路的规划，应便于运输，合理布局，运输距离短，占地少，与小区规划和排灌系统结合。果园进场道或小区干道3米宽，一般利用进村道路，不必重新修建，需要重新修建的，与村级道路连通等宽、泥石路面，呈“之”字形纵向布局，最大纵坡比8%～10%。小区内每行果树的台面或种植坡面设置2米宽泥石作业道，并与小区道路上下贯通。主干路可以环山而上，沿坡修筑呈

"之"字形上升，且应具有 0.3% 的坡降；支路可以根据需要沿小区边或沟沿等自然边界筑路。小区内每行果树的作业道，原则上按照等高线走向，果树定植台面宽 5～6 米的靠内侧，定植台面宽 8～10 米的从中间通过，在等高行向的尽头留 3～4 米宽坡面，从其内侧上下转弯呈 S 形连接到另一行作业道，并与小区道路连通。

果园水利规划中，灌溉水以蓄引为主，辅以提水；排灌结合，尽量利用降水和地下水；水源不足的地方，需用机械抽水，通过池、库和沟渠管道，自然灌溉。果园排水系统包括拦洪沟、梯田及作业道背沟、排水沟和涵管。拦洪沟的大小根据上方集水面积而定，一般沟面宽 1.0～1.5 米，底宽 0.8～1.0 米，深 1.0～1.5 米，比降 0.3%～0.5%。

（三）苗木要求

选择以毛桃、李或李根蘖苗作砧木，以优良品种枝条作接穗繁育的苗木。苗高 0.8～1.0 米，地径粗度 0.8 厘米，生长健壮，根系完整，嫁接口愈合良好，无检疫性病虫害。

（四）苗木栽植

1. **定植时间**　定植时间为 11 月至翌年 2 月。

2. **定植密度**　定植密度根据果园地形而定。平地果园栽植密度株距×行距为 3 米×5 米，山地果园栽植密度株距×行距为 4 米×4 米。

3. **栽植方法**　定植前清除苗木嫁接膜，适度修剪苗木根系，将根部蘸生根粉 1 000 倍液与 K84 的混合液。栽植时将苗木根部放入穴中央，舒展根系，扶正，边填表土边轻轻向上提苗、踏实。填土后在树苗周围做高度 15 厘米、直径 50 厘米的定植盘，浇透定根水，覆细土。栽植深度以土壤下沉后苗木根颈露出地面或嫁接口高出地面 5 厘米为宜。

4. **授粉树配置**　可根据品种需要适当配置授粉树，授粉树应与主栽品种花期相同，花粉亲和力强。

三、土肥水管理

（一）土壤管理

　　土壤是李生长和结果的基础。土壤管理主要是通过土壤深翻、合理间作以及果园覆盖、生草等措施改良土壤结构和理化性状，增强保肥蓄水性能，加深活土层，有利于根系的生长和扩大分布范围，为李园丰产创造条件。土壤深厚、土质疏松、通气良好，则土壤中的微生物活跃，能提高土壤肥力，有利于树体根系生长和对养分的吸收，对生产高档优质果品有重要意义。大量的试验研究和生产实践证明，丰产优质李园的土壤一般具有以下4个基本特征。

　　① 土壤有机质含量高。土壤有机质不仅是土壤养分的贮藏库，能稳定而持久地供应多种营养元素，还能改善土壤理化性状和土壤结构。一般丰产优质果园的土壤有机质含量应在1.5%以上。

　　② 土壤养分供应充足。丰产优质李园土壤应该具备平衡、协调、充足供应李生长发育所需要的各种矿质养分的能力。

　　③ 土壤通透性好。土壤既要有良好的通气性，又要有良好的保水能力，一般以土壤孔隙度50%～60%比较适宜。

　　④ 土壤酸碱度（pH）适宜。土壤酸碱度主要通过影响土壤养分的有效性而影响李的生长发育，一般来说土壤pH 6.5左右时多数矿质养分的有效性都较高。

　　1. 土壤改良　李是浅根性果树，喜生长在土层较厚、结构疏松的沙质壤土中，土层厚度小于50厘米或过黏、过沙均对李生长不利。长期以来，由于李耐瘠薄能力较强，所以南方多数李园建立在山地、丘陵和沙滩等薄地。红黄壤是我国南方栽培李的主要土壤类型之一，由于气候高温多雨，有机质分解快，养分淋溶损失多，土壤黏重或瘠薄，李栽培的主要障碍因子有：一是土壤pH偏低，酸度大；二是土壤黏重，物理性状差；三是土壤极度缺乏有机质；

四是土壤有效矿质养分含量低，氮、磷贫乏，中、微量营养元素普遍缺乏。因此，土壤改良就成为一项突出工作。

土壤改良离不开深翻和增施有机肥，深翻必须与施肥结合起来。深翻改土是果树生产的基本功，能够增加土壤间隙，通气透水，增强土壤保水、保肥能力。翻耕结合施肥，还可以使土壤中微生物数量增多、活性加强，从而加速有机质腐烂和分解，提高土壤肥力，使根系数量增加，分布变深，对于瘠薄的山地、黏重土地效果更为显著，是加速土壤熟化最有效的手段。深耕也可以消灭杂草，减少果园病虫害的发生。

深翻时间可选择在早春化冻后及夏初雨季前进行，但最适宜的深翻时间是果实采收后，结合秋施基肥、蓄水灌溉同时进行，可随不同李品种成熟期的早、中、晚逐步进行。南方地区以9月中下旬至10月上中旬为最佳时间，此时地上部分已经停止生长，树体内的营养物质向主干、根颈及根系运输贮存，而根系也常常在这个时期出现第二或第三次生长高峰。切断根系，可使营养物质停留在断伤处以上，不致使树体由于根系的切断而受损失，并可在休眠前产生新根，为第二年春季生长创造条件。此时深翻，根系伤口容易愈合，且易发新根，有利于李树第二年的生长发育。同时，深翻后经过漫长的冬季，有利于土壤风化和蓄水保墒。

翻耕的深度取决于土壤质地和土层结构。沙壤土翻耕深度一般以40~60厘米为宜；河滩地底层为很深的粗沙或砾，深翻后反而漏水、漏肥，不宜太深。深翻在李树的行间或株间进行，深翻沟的两侧距主干应达1米，以免伤大根。深翻时将厩肥、绿肥及饼肥等混杂在翻耕的土壤中，将更有效地起到改良土壤的作用。随着深翻这些肥料可施用在根系的主要分布层附近，以便吸收。深翻后要及时灌水，使土层自动下沉，使根系与土壤密切接触。

2. **间作** 幼龄李树或株行间距较大的成龄园，进行合理间作可充分利用土地和光能，对土壤起到覆盖作用，防止土壤冲刷，减少杂草危害，同时增加果园收入，有利于果园可持续发展。

间作物选择原则为以下。

（1）根据李园空间结构选择适宜的间作品种。初定植的果园，行间间距大、光照条件充足，可选择喜光、株型中等的间作物；随着树冠扩大，可选择耐阴、耐潮湿、株型矮小的品种进行间作。

（2）李根系通常分布在 20～40 厘米的土层，间作物应选择根系分布浅、生育期短、生长高峰和肥水需求高峰与李错开的品种，避免间作物与李形成水肥竞争，影响李的生长发育。

（3）间作物不应与李有相同的病虫害，不具蔓生性，否则易造成果园树势衰弱、病虫害加重。

应首选生长期短，植株矮小，吸肥水较少，同时有提高土壤肥力、改良土壤结构作用的作物，如豆类（黄豆、绿豆、花生、豌豆等）、叶菜、薯类、西瓜、草莓及中药材等。

间作方式：一般株间留出清耕带，行间种植间作物。清耕带宽度依树龄、树冠大小而定，一般 3 年生以下的幼树园留 1.5 米，3 年生以上留 2 米为宜，以后逐年加宽。同时，间作植株和果树一样需要进行肥水管理。

3. 果园覆盖 果园覆盖是指在树冠下、株间、行间或全园覆盖有机物（秸秆、糠壳、杂草和落叶等）、沙或塑料薄膜等。果园覆盖能够减少土壤水分散失，增加土壤有机质含量，促进团粒结构形成，增强透水、通气性，促进果树根系的生长，减少地温的日变化和季节变化，促进土壤动物和微生物的活动，还能抑制杂草的生长，减少果园用工，从而起到保墒、调节地温、培肥地力、提高抗旱性的作用。因此，果园覆盖是土壤管理的有效措施，也是提高产量、改善品质、降低成本、增加收入的重要措施。

果园覆盖可在春、夏、秋季进行，但以 5—6 月为好。覆盖前应当补施氮肥，有助于土壤微生物活动，促进腐烂，最好在雨后或灌溉后覆盖。

4. 果园生草 果园生草是常用的现代化、标准化果园土壤管理技术，是多种土壤管理方法中最好的一种。果园生草主要有以下优点。第一，可以起到防风固沙，保持水土的作用。第二，可大大提高土壤有机质含量。第三，可提高土壤有效养分含量。草根吸收铁、钙、锌、硼的能力强于果树根系，并把它们转为果树可吸收态，有效磷、钾可提高 10%～35%。第四，可改善果树生态环境。草层使土壤中水、肥、气、热、微生物处于适宜、稳定的状态；草根有助于形成土壤团粒结构，减少表土层温湿度变化幅度，夏季高温时可降低地表温度 3～5 ℃，提高土壤含水量 1.32%～3.51%，有利于果树根系的发育和活动。第五，节省锄草用工。草长高后人工或机械刈割，可节省生产费用 13%。第六，便于行间作业。雨过树叶干后，马上可进地作业（特别是打药），不误农时。第七，实现果园的良性循环。生草刈割后，可用于饲养家禽、家畜，其粪便进入沼气池发酵，沼渣用于果园施肥，以园养园，实现良性循环。

果园生草的主要缺点是：与果树争肥水，早期落叶病加重，金纹细蛾发生趋重，妨碍施基肥操作，需肥、水较多，且连年生草甚至导致果树根系上浮。因此生草 5～7 年后需翻耕休闲 1～2 年，然后再重新生草。

5. **中耕除草**　在园内经常进行中耕除草，能疏松土壤表层，切断毛细管，减少土壤水分蒸发，起到保墒和防止杂草的作用。中耕除草大多在雨后或灌水后进行，有的可以与间作物中耕相结合。春季中耕应在开花前灌萌芽水后进行，深度 10～15 厘米；果实生长发育过程中，地面杂草较多时，可进行多次中耕，此时耕作深度宜浅，一般以 5～10 厘米为宜；果实采收后可进行 1 次秋耕，深度 15～20 厘米，也可结合施基肥直接进行深翻。

果园除草，要尽量做到"除早、除小、除了"，才能最大限度节约人工除草劳力成本。对于面积较大的果园，人工除草有困难时，可利用化学除草剂进行除草。

(二) 施肥管理

合理施肥是果树栽培中的重要措施。实践表明，合理施肥可以提高果园土壤肥力，改善土壤团粒结构；促使果树生长健壮，增强抗逆性，延长树体寿命和结果年限；促进果树花芽分化，减少落花落果，防止大小年出现；提高果品产量和质量。李果实比其他果树果实小，促使李果实增大的措施除了疏果与修剪之外，主要靠合理施肥来调节。

不同品种李果实发育时间差异很大（55～155 天），因此，应根据品种、植株长势、坐果量、土壤状况等具体情况进行施肥。不仅要注意不同肥料种类的配合，如有机肥和无机肥配合，大量元素与中、微量元素配合，还应科学地确定施肥量和施肥次数。

李生长旺盛，结果量大，对土壤养分的需求比其他果树多。据报道，一般每生产 100 千克果实，需吸收氮 0.7～1.2 千克、磷 0.4～0.5 千克、钾 0.61 千克，同时还需要一定的铁、钙、镁、硼、锌、锰等中、微量元素，且需求量明显高于其他果树。李需求氮、磷、钾、钙、镁的比例为 10：4.2：8.5：22.7：2.1，一般认为李最佳氮、磷、钾比例为 1：0.5：1，盛果期树为 1：2：1。

一年之中，不同生育时期，李对养分的需求不同。萌芽期至开花期和幼果期需要大量氮和硼，花芽分化期和果实膨大期需要大量镁、锌和磷、钾，果实成熟期需大量钾和钙。李结果期间消耗了树体大量的营养，必须在采果后及时给树体补充营养，才能恢复树势，积累树体养分，保证花芽分化正常进行，提高花芽质量和越冬抗寒能力，应该及时补充氮素营养；秋季休眠前需施入大量有机肥并适量补充中、微量元素肥。按照不同生育期划分，李施肥主要分为基肥（采果肥）、追肥（花后）和叶面喷肥。

1. 基肥（采果肥）　基肥是能较长时期为李提供多种养分的肥料，一般为迟效性肥料，其中含有丰富的有机质和腐殖质，以及果树所需的大量元素和中、微量元素，为完全肥料，其养分主要以有机状态存在，需要经过微生物发酵分解，才能被果树吸收利用。常见基肥有堆肥、厩肥、作物秸秆、绿肥、落叶等农家肥，也可直接使用充分腐熟的商品有机肥。

施基肥最适宜时期是秋季（落叶前 1 个月），一般以有机肥为主，配合适量复合肥和中、微量元素肥开深沟施入。基肥（秋肥）

是较长时期供给果树养分的肥料,早秋施肥优于冬施,更优于春施。早秋施肥,根系正值生长高峰,断根容易愈合长出新根,有机肥腐烂、分解时间充分,矿质化程度高,翌年春季可及时为果树吸收利用,还可以提高地温,减少根系冻害;部分肥料可以当年被树体吸收,有利于树势恢复、有机营养的制造和贮藏。

在生产实践中,基肥(采果肥)一般在采果后施入,以有机肥为主,配合复合肥和微量元素肥,可及时补充树体养分,恢复树势,促进根系的更新和养分的吸收,促进花芽分化,并增强树体抗性。

施肥方法通常采用环状沟施、放射状沟施、灌溉式施肥等。环状沟施是指在树冠滴水线外围挖环状施肥沟,宽35～40厘米、深40～60厘米,将肥料与表层土混匀后施入沟中后覆土。该方法操作简单,用肥经济集中。放射状沟施是以树干为中心,以树盘1/2处为起点向外开挖4～6条放射状施肥沟进行施肥,沟长宜超过树冠滴水线,里浅外深。该法比环状施肥沟伤根少,但挖沟时应避开大根,并注意隔年更换放射状沟位置,以扩大施肥范围。灌溉式施肥通常需要结合水肥一体化设备进行施肥,如使用施肥枪通过高压方式将液态有机肥施入土壤中。

不同品种的施肥量有所不同。中、晚熟品种每株施用有机肥10～20千克＋复合肥(N：P：K＝15：15：15)1.0～1.5千克＋微量元素肥20～30克＋硼、锌肥各10～20克,开深沟施入;早熟品种一般在采果后1周内,每株施复合肥(N：P：K＝15：15：15)0.1～0.2千克或(N：P：K＝25：5：15)0.1～0.2千克,以促进树势尽快恢复,到秋季再按以上采果肥配方秋施基肥。

2. **追肥(花后)**　花后追肥,又称幼果膨大肥或中平衡肥,一般在幼果膨大期至转色期施入,此时正值幼果、新梢同时进入生长高峰,为避免互相争肥,应及时追施氮、磷、钾肥,以减少生理落果,提高坐果率,促进幼果、新梢同时生长。此期施肥不仅能促进果实增大,还可以为花芽分化创造良好的条件。根据李品种果实发育期长短不同,花后追肥可进行1～3次,间隔30天左右追施1

次，每株可用松尔肥（N：P：K＝15：5：20）1.0～1.5 千克＋壮多微量元素肥 5～10 克，补充树体营养，促进果实膨大和花芽分化。

3. 叶面喷肥　叶面喷肥是根部追肥的有效补充，可快速被植株吸收利用，通过根外追肥补充钙、镁、硼、锌、铁等中、微量元素，对保花保果，预防缩果、裂果等因缺素造成的生理病害，促进果实着色，提高商品性具有重要作用。

在生产实践中，叶面喷肥（根外追肥）有几个关键时期，应结合病虫重防治等及时进行。

（1）开花前。此期是叶面补硼的关键时期，可用硼 1 000～1 500 倍液或络微 2 000～3 000 倍液叶面喷施，促进授粉受精，提高坐果率。

（2）谢花后 2 周内。此期是叶面补锌的最佳时期，可用锌 600～800 倍液或络微 2 000～3 000 倍液叶面喷施，促进种子发育，缓解因缺素造成的落果现象。

（3）果实膨大期。此期是补钙的关键时期，可用络佳钙 1 000～1 500 倍液或动力钙 600～800 倍液或氨基酸钙 600～800 倍液叶面喷施，预防、减轻裂果，改善品质。

（三）水分管理

李是浅根性果树，抗旱性中等，喜潮湿，但不耐涝。各时期李对水分的需求是不相同的。新梢旺盛生长和果实迅速膨大时是需水最多、对缺水最敏感的时期，是李的需水临界期。花期干旱或水分过多，常会引起落花落果。冬季干旱时，如果土壤含水量偏低，能引起抽条，枝条干枯似冻害。夏季降水量大，果园积水，一方面由于缺氧而影响根系的生长与对水分的吸收等，造成生理缺水，另一方面又容易使一些接近成熟的果实发生裂果。因此，一年中要抓好几次关键时期进行灌水。

1. 灌水的时期

（1）越冬水。越冬水也称封冻水，一般应在小雪节气前 15 天灌水为宜，结合施肥灌大水，湿土层达 80 厘米最好。越冬水能使土壤上层保持湿润，以供给整个冬季里树体的需水。

（2）花前灌水。在萌芽前 20 天左右结合施肥灌入。休眠后的李，随着春天地温升高，慢慢恢复其旺盛的生命活动，养分与水分向每个枝芽运送。灌水时应沟灌或单株盘灌，这样灌水容易均匀，湿润土层 50 厘米即可。花前灌水使花芽充实饱满，保持花芽有一定的养分和水分，为保证授粉良好和提高坐果率奠定较好基础。

（3）幼果灌水。幼果灌水一般在花落后的幼果定果之时进行。幼果定果后 20 天内，是幼果迅速发育期，需要大量的养分与水分，为了减少落果，灌水是关键。灌水方法以沟灌较好，湿润土层 40 厘米即可。

2. 灌水的方法　目前灌水多用地面大区漫灌和树盘浇灌，这两种方法用水量大，土壤容易板结。沟灌或穴灌，比较省水，土壤不致板结。喷灌不破坏土壤结构，可调节果园小气候，春天还可防止霜冻，夏季可降低树体温度，对土地平整度要求不高，适于复杂地形，工效高，用水省；但喷灌有时会加重病害，有风时灌水不均，投资较大。滴灌比喷灌更省水，在气温越高、越干旱的地区，滴灌节水的效益越明显，用水仅为地面灌水的 1/5，甚至更少，它用于山地、丘陵水源缺乏地区，发展滴灌增产效果大，虽然投资较多，但经济效益高。

3. 排水　雨季水分过多时，如果长时间不排除，会造成根系损伤，树势衰弱及死树，因此必须及时排水。山地果园在雨量大时，应及时清理沟渠保障畅通，以利水分及时排出。平原黏土地果园应挖排水沟，排水沟的深度与沟间距依雨季积水程度而定，排水沟的深度应使最高水位低于根系集中层 40 厘米。雨季积水较轻或土质较黏以及沙滩地果园雨季地下水位高于 80～100 厘米的园区可每 4～6 行树挖 1 条沟，积水严重或土质黏重的可每 2～3 行树挖 1 条沟，沟口应与园外的排水渠相通。

四、整形修剪

(一) 整形修剪的意义

整形修剪是李生产中最重要的栽培技术措施之一，运用正确的整形修剪技术对于实现李的稳产与优质具有关键性作用。整形修剪的主要目的意义在于以下 4 方面。

1. **调节树势，平衡树体的营养生长和生殖生长的关系** 树体的营养生长和生殖生长存在着相互依存与相互制约的关系，良好的营养生长是保证良好生殖生长的基础，树体的营养生长过旺或过弱都会抑制其生殖生长，影响花芽形成的数量与质量。因此，要保证生长与结果所要求的健康树体，通常通过采用不同的修剪方式缓和或加强树体生长势，平衡树体的营养生长与生殖生长，整形修剪技术是调控这种平衡关系的重要手段之一。

2. **控制树体的大小和形状，满足生产者与消费者的需求** 根据生产目的和需要，通过合理的整形与修剪可以达到人们对树体大小和形状的基本要求，满足常规生产果园树体对光照和通风的要求和观光果园人们对树体观赏性的需要。

3. **改善树体通风透光，提高光合效率，减少病虫害的发生** 树冠内的通风透光条件通常与树形和树冠内外的枝条分布有关。合理的整形与修剪能够调控树冠内外的枝条分布，保障树冠内部有充足的光照条件，提高叶片光合效率，减少病虫害的发生，从而使树体健壮，减少农药使用，保证果园的生产环境安全和果实的食用安全。

4. **促进高产稳产，有效延长树体的经济寿命** 果树的有效经济寿命是反映果树生产效率的最重要指标。合理的整形与修剪，可以稳定树势，提早果树结果时间和延长有效经济寿命，最大限度地满足果树商品生产对经济效益的要求和观光农业对观赏性的需要。

（二）树形培育

李树的常见树形有自然开心形、疏散分层形等。

1. 自然开心形　主干高度为 40～60 厘米，没有中心干，主枝数为 3 个，主枝与主干呈 40°～45°角。主枝间距为 10 厘米，分布均匀，方位角约呈 120°。在各主枝上，按相距 30～40 厘米的标准，配置 2～3 个副主枝，方向相互错开。第一副主枝距主干 30 厘米，并与主干呈 60°～70°角，树冠开张，开心而不露干。

2. 疏散分层形　主干高度为 30～40 厘米，有中心主干，主枝 5～7 个，稀疏地排列在中心主干上。第一层主枝数为 3 个，第二层主枝数为 2 个，第三层主枝数为 1～2 个。通常，李树的主枝为 2～3 层，盛果后期留 2 层。将中心主干上的第三层主枝疏去后，称疏散二层式。第一层主枝基角为 50°～60°，主枝间距为 20～30 厘米，分布均匀，方位角约呈 120°；第二、第三层主枝基角略小些，为 45°～50°。从上而下俯视，第二、第三层主枝正好分布在第一层的 3 个主枝之间。第二层主枝间距为 10～20 厘米，各层间距为 50～60 厘米。第一层主枝上配置副主枝 2～3 个，第二、第三层主枝上配置副主枝 1～2 个。各主枝上的副主枝间距 30～40 厘米，方向相互错开。副主枝与主枝之间水平夹角为 45°。

（三）修剪

1. 幼年树修剪　李树定植后至投产前称为幼年树。幼年李树应以抽梢扩大树冠、培育骨干枝、增加树冠枝梢和叶片为主，因此修剪应以整形为主。苗木定植后，在距地面一定高度处定干。平地李园定干可高些，通常为 40～60 厘米；山地李树定干高度可适当矮一些，以 30～50 厘米较为适宜。

（1）第一年的修剪。

① 夏季修剪。萌芽期要抹除李树整形带以下的芽，整形带内过多的枝梢应予以疏除，只保留 3 个生长健壮、分布均匀和错落着生的枝条，作为主枝进行培养。

② 冬季修剪。冬季修剪时，对主枝延长枝作适当的短截，通常剪去枝条先端部分的 1/4～1/3。如果李树的主枝着生角度过小，可利用"里芽外蹬"的方式，改变延长枝的方向，使其角度开张。如果李树的主枝过于下垂，可利用选留内芽的剪法加以调整，也可采用撑拉枝技术，将主枝基角调整为 45°～50°，主枝方位角调整为约 120°。过密的枝条予以疏除，保留的营养枝按辅养枝对待。

（2）第二年的修剪。

① 夏季修剪。6 月下旬，在各主枝上选留第一侧枝，其余枝条，过密的予以疏除，保留的要及时摘心，促使分枝，形成枝组。对于竞争枝与外围旺长枝，可以疏除，也可采取多次摘心或拉枝措施，将其拉成斜生状，缓和生长势，形成结果枝。要避免拉成水平或下垂状，否则会使被拉枝的后部背上枝旺长，难以形成结果枝。对徒长枝要从基部予以疏除。

② 冬季修剪。将主枝的延长枝进行适当短截，通常剪去枝条的 1/3。为平衡主枝间的生长势，可以强枝强剪，弱枝轻剪。每个主枝上选留 2～3 个副主枝，第一副主枝距主干约 30 厘米。三大主枝上的第一侧枝，不分左右，视空选留，但最好在各枝的相同方向上，以留在背斜侧为好。第二侧枝与第一侧枝方向相反，间距为 30～40 厘米。各个侧枝与主枝的交叉角度要大，以充分利用空间及光能，通常为 45°～50°。主、侧枝上所生长的短小枝，应全部保留，以培养成短果枝和花束状果枝。对中、长枝要进行适当的短截，以促使分枝，形成结果枝。对于生长势旺的强枝和徒长枝，可将其从基部疏除，也可对其进行拉枝，拉至斜生状，以缓和生长势，促使形成结果枝，不能把它拉成水平或下垂状，否则会使被拉枝的后部背上枝旺长，难以形成结果枝。

（3）第三年的修剪。第三年采取第二年的冬季修剪方法，处理主枝和侧枝的延长枝。在各主枝上选留第三侧枝，并使其方向与第二侧枝的方向相反，间距为 30～40 厘米，与第一侧枝在同一方向上。注意李树各级枝条的从属关系，即主枝大于侧枝，基部第一主枝大于第二、第三主枝，防止主枝上下重叠和交叉。结合夏季修剪，及时除去过多的直立旺长枝和竞争枝。经过3～4年的培养，树形即可形成。

2. 结果树修剪 李树定植3～5年后开始结果，产量也逐年上升。此期的李树，应以营养生长为主，继续扩大树冠，从而尽早进入结果盛期。

(1) 控制树体长势，明确主从关系。 初结果李树生长势强，应控制树体的长势，保持主枝、副主枝之间生长的平衡，使树体主枝、副主枝具有明确的主从关系。对于生长势过强的枝条，可将其从基部剪除，或通过拉枝，使其开张角度。对长势强的枝，可将其拉至水平状，特旺的枝可拉至下垂，以缓和生长势。适当疏去背上旺长枝，留中庸偏弱枝，促发短果枝和花束状果枝，提高结果能力。

(2) 继续短截延长枝。 对初结果李树主枝、副主枝的延长枝，可作适当短截，即剪去枝条先端衰弱部分的1/4～1/3，剪口芽留外向芽，使延长枝逐年呈波浪状延伸。对生长过弱的初结果李树，可以抬高其枝头，适当重截延长枝，即剪去枝条的1/2，剪口芽留内向芽。对其他枝条，应多截少疏，使其逐年转强。生长较旺的李树，剪口芽留外向芽，短截延长枝，也可用背后枝换头，开张主枝角度。

(3) 及时处理长果枝和强旺生长枝。 初结果李树营养生长较旺，对于1年生强壮的生长枝或长果枝，可采取摘心处理的技术措施，将强枝约留50厘米长后摘心，冬季修剪时，再将强枝留35～45厘米长后短截。对李树中等的枝留20～30厘米后剪截，有利于结果枝组的形成。对于树冠内膛的过密枝和细弱枝，应予以疏除，以改善树体通风透光条件，促使树冠中、下部正常结果。

3. 盛果期李树修剪 李树栽植6～7年后，产量明显上升，进入大量结果的盛果期。盛果期李树的特点是：主枝开张，树势缓和、中、长果枝比例下降，短果枝、花束状果枝比例上升。因此，提高树体营养水平、保持树势健壮、调整生长与结果的关系、维持盛果期年限对盛果期李树至关重要，这就必须使树体结构匀称，枝条分布合理，枝叶数量适当，树冠通风透光，营养生长与开花结果保持相对平衡，有效地延长李树的盛果期。

（1）冬季修剪。冬季修剪基本要求是保持理想的树形和各级枝条间的主从关系，合理调节李树营养生长与生殖生长的关系。

① 及时调冠整枝。要使成年李树保持高产稳产，必须使树冠的各个部分互不遮挡，做到上部稀，外围疏，内膛饱满，通风透光，层层疏散。注意控制树冠上部抽生的直立大枝，以缓和树势，防止树冠出现上强下弱的现象。冬季修剪时，要剪除先端强枝旺枝，适当短截中庸枝，疏除交叉枝和重叠枝。树冠外围大枝较密者，疏剪部分 2～3 年生大枝，以改善内膛光照条件，延长盛果期年限。

② 继续短截延长枝。对主枝、副主枝的延长枝适当短截，剪去先端部分的 1/4～1/3。第二年可抽生 2～3 个枝条，选取一个开张角度适宜的枝作延长枝，再选留一个枝条作为侧生枝，其余枝条自基部剪除。如果主枝角度过小，用多年生或 1 年生背后枝换头，开张主枝角度；如果主枝角度过大，可用生长角度较小的背上枝替代原主枝延长枝。对结果多、长势过弱的树，可适当重截延长枝，即剪去枝条的 1/2，剪口芽留内向芽，以抬高枝头，增强树势，扩大树冠。

③ 适当疏枝，改善光照。李树成枝力较强，新梢中部多形成腋花芽，并可形成短果枝和花束状果枝，开花结果。如不对它进行适当修剪，会因枝量过多，影响产量。对树冠内的交叉枝、重叠枝和密生枝等，应予以疏除。对大枝背上剪、锯口萌生的丛生枝，在有空间时适当留 1～2 个，将其余的疏除。主枝和副主枝上的短果枝或花束状果枝，如果数量过多，应适当疏剪，以改善光照，延长盛果期年限。

④ 更新培养枝组。强旺的小型结果枝组，可剪去先端强枝，下部长果枝留 7～8 节花芽，中果枝留 4～6 节花芽，短果枝和花束状果枝不剪，如果过密可以疏除。过弱的小型枝组，回缩至花束状果枝处更新复壮。对直立徒长枝，过强的可视其着生位置情况进行修剪。没有利用价值的，从基部剪除；有利用价值的，去强留弱，去直立留平斜，促使其形成短果枝和花束状果枝，以培养新的枝

组。也可采取拉枝措施，将强旺直立枝拉至水平，将特旺的拉至下垂，并适当疏剪背上旺长枝，留中庸偏弱枝，促发短果枝和花束状果枝，以利于结果，达到均衡树势的目的。

⑤ 适度短截营养枝。对 1 年生枝作适度短截，即剪去枝条的 $1/4\sim1/3$，其先端可抽生 $1\sim2$ 根长枝，中、下部易形成短果枝和花束状果枝。对于生长过旺的营养枝，可采用弱枝带头，进行短截，即剪口留有弱小的枝条，以缓和生长势，有利于形成短果枝和花束状果枝。对于过密枝和细弱枝，应予以疏除。

⑥ 合理回缩修剪。下垂枝结果后，枝条衰退，可逐年进行回缩修剪，从健壮处下剪，剪去先端下垂衰弱部分。对所发生的剪口芽留内向芽，以抬高枝梢位置。对多年生冗长枝和衰弱枝，一般可从 $2\sim4$ 年生处进行回缩，并在剪口留壮枝、壮芽带头，增强树势。

(2) 夏季修剪。

① 疏除部分花枝，提高坐果率。在早春对开花结果过多的树，适当疏剪成花母枝，剪除部分生长过弱的结果枝。对中、长果枝修剪程度可稍重一些，即剪去枝条的 $1/3\sim1/2$，以减少养分消耗，有利于保果。

② 调节树体结构，减少养分消耗。采果后，注意及时调整树体结构，改善光照条件。要疏除或重回缩密挤、挡光的大枝，疏除主枝前端旺盛的分枝，将主枝理顺成单轴延伸或缩至弱分枝处，既解决光照不良问题，又能防止结果部位外移。

③ 适当留枝，增光减耗。及时抹除树冠内膛的新梢，可避免树体营养的无谓消耗，一般每 $7\sim10$ 天抹 1 次。果实膨大期，要严格控制枝梢旺长，促使果实膨大。对过密枝梢要予以疏除。有空间时，对生长旺盛的枝条，要及时进行摘心处理，促使分枝，长出副梢。在秋初或秋末，对长出的过多副梢进行回缩或疏剪，以控制其生长，促使形成结果枝组。

④ 及时处理长枝。对于 1 年生强壮的生长枝或长果枝，可采取摘心措施，强枝留 50 厘米摘心，缓和枝梢生长势，促使其分枝。长出的副梢过密时予以疏剪，促使树冠中、下部枝条生长健壮。长

势旺者可再次进行摘心处理，缓和生长势，促使形成短果枝和花束状果枝，培养良好的结果枝组。

4. 衰老树修剪　盛果期后，李树生长缓慢，新梢既短又弱，局部衰退，结果部位外移呈伞状，主枝、侧枝下部光秃，短果枝和过密的花束状果枝开始枯死，开花多，坐果少，产量低而不稳，隔年结果现象严重。因此，应加强肥水管理，更新复壮骨干枝，延缓骨干枝的衰老和死亡，及时有计划地回缩更新枝组，集中养分供应，使之尽快恢复生机，维持树势，延长其经济结果年限。

(1) 更新复壮骨干枝。根据树体衰弱程度及树体结构，在主枝、侧枝的中下部回缩大枝，选择角度较小、生长健旺的背上枝作延长枝；或在大枝的直立向上处回缩，促进隐芽萌发，将其培养成主枝头、侧枝头。

(2) 重新培养骨干枝。对衰弱骨干枝，可培养树冠内部方位适宜的徒长枝代替。夏剪时，对徒长枝摘心，促其增粗生长，抽发副梢；冬剪时，选择先端长势较强的枝作为骨干枝培养，短截其先端衰弱部分的 1/4～1/3，剪口芽留内向芽，抬高枝梢位置，增强枝势，使其及早代替衰弱骨干枝，恢复和形成完整的树冠。

(3) 更新结果枝组。更新骨干枝的同时，也要对各类枝组回缩更新，大的骨干枝组应在 2～3 年内回缩更新 1 次。首先，将树冠上部的骨干枝组进行回缩（落头），在其中下部 2～3 年生年轻枝组或中间枝（叶丛枝）处进行重短截回缩。其次，将树冠中下部的大枝组，回缩到先端 2～3 年生的枝背上角度大的分枝处，把原枝头剪去，以背上的小枝代替骨干枝头，促使回缩口下部的枝组或潜伏芽萌发成为强势新枝或徒长枝。然后摘心处理，并于新梢生长期留40～45 厘米再次摘心，促其增粗生长，抽生副梢形成分枝，形成结果枝组，恢复生长势。对余下的大枝组，第二年采取同样的方法，进行回缩更新和新梢摘心，以形成短果枝和花束状果枝。连续2～3 年采用先端后放的方法，就可以培养出更新结果枝组。

同时，对回缩后留下的小结果枝组，要有计划地轮换回缩，使其保持一定产量。对长势衰弱的结果枝组，应回缩到靠近骨干枝的分枝处，使之更新复壮。如果一次重回缩后，仍难以选择背上角度小而年轻的分枝来替代原枝头，可分两次进行。

（4）培养新的结果枝组。 对于衰老期的李树，在修剪中要十分注意培养新的结果枝组。对树冠内促发的徒长枝，可视其着生位置的情况，进行适当的处理。没有空间位置的徒长枝，可将其从基部予以疏除。在有空间利用时，可采取连续摘心的方法，去强留弱，去直立留平斜，促使其形成短果枝和花束状果枝，从而将其培养成新的结果枝组。也可对它采取拉、弯、压等措施，改变枝条的方向，将强旺直立的枝条拉至水平状，特旺的枝条拉至下垂状，以减缓枝条的生长势。与此同时，要适当疏剪背上旺长枝，保留中庸偏弱枝，使之形成短果枝和花束状果枝，待其开花结果后再进行回缩。通过采用先放后缩的办法，可以将树冠内的徒长枝培养成为结果枝组。

（5）重肥防虫，加强管理。 修剪是更新复壮的手段，土肥水管理、树干涂膜保护和病虫害防治是更新复壮的根本。如果没有肥水作保证，又不防治病虫害，单凭修剪无法实现老年李树更新复壮目标。

对衰老李树的更新复壮，应该在权衡利弊后，再决定是否进行。对于入不敷出的老园，应及时淘汰或坚决砍伐衰老李树。另外，对已不符合市场需求的老品种，也应及时改换新优品种，以提高经济效益。

五、花果管理

（一）花果管理原则

花果管理是指直接对花或果实采取的管理措施，包括疏花疏果、保花保果、果实套袋、铺反光膜、夏季修剪等提高果实外观和内在品质的栽培技术措施。随着人们对果实品质的要求越来越高，花果管理用工在整个栽培过程中所占的比重也逐年增加。花果管理是一项精细、费工、成本较高的生产措施，其执行的好坏直接影响到产量高低和品质好坏，如何提高花果管理水平已成为现代果树栽培中一项重要的任务。李花果管理的原则为根据品种及环境条件的不同，灵活采取提高坐果率、疏花疏果及保花保果等措施，达到产量稳定、优质果率提高的目的。

（二）花果管理措施

1. 疏花疏果　李易成花，大多数品种在正常条件下都可形成足量的花芽。除部分品种外，李坐果率也较高，尤其是成年树，坐果量往往超过树体所能承载的数量，造成果实大小不一、品质低、树体衰弱、当年成花质量下降和影响翌年生产等问题。因此，合理疏花疏果是提高优质果率必不可少的重要措施。

李属自花结实品种，花量大，坐果率高，若不进行疏果，后期负载过重，果实生长受阻，品质下降。针对自花结实率较高的品种，对于结果枝预留过长的枝条应及时短截疏花，也可在盛花期采取疏花措施，疏除过密的花朵和花芽，保留长势壮的花朵，按照"疏果不如疏花、疏花不如疏枝"的原则，减少后期疏果量。确定合理的负载量，是正确进行疏花疏果的前提。不同品种、不同树势、不同树龄以及在不同土壤肥力条件下，其树体承载能力相差很大。在生产中确定合理的负载量，主要依据以下几项原则：第一，保证当年一定的产量及良好的果实质量；第二，保证当年能够形成足量的优质花芽；第三，保证树势不衰弱并能连年丰产。

在李花枝坐果以后的1~2周进行疏果处理，根据品种、规格以及长势来确定单株果树的果量，弱果、病果、畸形果都要疏除。疏果时，10厘米的结果枝留4~5个果，中果枝留2~3个果，主干上的束状花序、短果枝留1~2个。大果型品种疏2次以上，第一次疏果是在落花后1~2周，第二次疏果也称定果，一般在花期结束后一个半月进行。疏果时应掌握早熟品种先疏，晚熟品种后疏；生理落果结束早的品种先疏，结束晚的后疏；盛果期的树先疏，幼树晚疏。

2. 保花保果　李大部分品种具有自花结实能力，因此在一般情况下坐果率较高，但在生产中也常出现由于坐果率低、落花落果造成减产的情况。李出现落花落果的主要原因有以下几个方面：品种的差异，如贵州品种蜂糖李坐果率较低，青脆李系列坐果率较高；春季花期遇到低温、持续降雨等不良天气时，会造成授粉不良，坐果率降低；树体养分不足，也会造成花芽质量差，加重落花落果。因此，为了保证产量的稳定，也必须采取保花保果措施，主要有以下措施。

(1) 提高树体贮藏营养水平。树体的营养水平，特别是贮藏营养水平，对花芽的质量有很大影响。对树势较弱，贮藏养分不足的树除了要合理疏花疏果，节省养分外，在花期前后应及时采用土施或叶面喷施速效肥的方法补充养分，尤其以叶面喷施更为重要。研究表明，坐果率较高的花序比坐果率较低的花序的花朵子房中赤霉素含量明显增高，如给坐果率较低的花序喷施外源赤霉素，可明显提高坐果率。

(2) 保证授粉质量。可以通过合理配置授粉树、人工辅助授粉、果园放蜂等方法保证授粉质量。可选择与主栽品种花期相遇或相近、花粉量大、与被授粉品种亲和性好的品种作为授粉树，授粉树与主栽品种的数量比例一般为1∶8。

◆ **主要参考文献**

刘威生，2009. 怎样提高李栽培效益［M］. 北京：金盾出版社.
夏国京，刘宁，2018. 李杏高效栽培［M］. 北京：机械工业出版社.
张青，2017. 李高效栽培技术（南方本）［M］. 北京：中国农业出版社.

第四章 李病虫害防治

　　现已记载的李病害有 50 多种，以流胶病（gummosis）、褐腐病（brown rot）、袋果病（plum pockets）、穿孔病（plum black spot or bacterial leaf spot）、炭疽病（anthracnose）等较为常见。流胶病是我国李园中较为普遍发生的病害之一，降水量越多的地区越容易发病，以长江流域及江南区域最为严重，管理不善的园区发生率极高。褐腐病在我国分布较广，北方、南方均有发生，在果实害虫严重的多雨年份，常有褐腐病的发生且严重时造成大量落果、烂果，带来很大损失。穿孔病主要包括细菌性穿孔病、褐斑穿孔病、霉斑穿孔病 3 种，是李上普遍发生的主要病害，往往引起产量降低、树势衰弱，严重时出现死树现象，已成为李发展的主要障碍。褐斑穿孔病与霉斑穿孔病分布普遍，各产区均有发生。炭疽病在我国李产区分布较广，尤以江淮流域发生较重，常造成果实受害，降低产量。

　　我国李园区曾经出现果实上蛀孔遍及、大量落果现象，对李产业造成了严重的影响。随着李产业的不断发展，李的虫害问题不断涌出。如李小食心虫（plum fruit moth）、桃小食心虫（peach fruit borer）、梨小食心虫（oriental fruit moth）等食心虫类害虫，卷叶蛾类、食叶蛾类、螨类、蚜类、介壳虫等害虫在全国各李园经常发生，给李产业造成了严重危害和经济损失。据不完全统计，我国目前在李上已发现的虫害有 170 多种，常见的主要有螨类、蚜类、蚧类、食心虫类、卷叶和食叶蛾类害虫。另外，黑刺粉虱、茶翅蝽、黑绒鳃金龟、桃红颈天牛、大青叶蝉等害虫也对我国李产业造成了一定程度的影响。其中，山楂叶螨（hawthorn spider mite）是世界性分布的重要害螨之一，在我国东北、华北、西北、青藏高原、长江中下游果区普遍发生，该虫危害严重时，常使受害叶片焦枯脱落，削弱树势，影响第二年的产量。桃蚜（green peach aphid）在我国均有分布，寄主范围广，可以在50多个科400多种植物上取食，可传播115种病毒（占整个蚜虫传播的植物病毒的67.7%），国内的寄主植物有170种以上。桑盾蚧（white peach scale）在我国的地域分布很广，从海南、台湾至辽宁、华南、华东、华中、西南多省均有发生，是南方李的重要害虫。桑白蚧以若虫和成虫寄生在李上，吸食枝干汁液，严重时整株盖满灰白色介壳，植株生长发育受阻，树势受到严重影响。梨小食心虫（oriental fruit moth）在我国长江、黄河流域危害比较严重，其幼虫危害新梢和果实，常造成枝梢端部萎蔫，干枯折断，果实被蛀食后，易造成落果。桃潜叶蛾（peach leafminer moth）是李、杏、桃等核果类果树上的主要害虫，对我国河南、安徽、山东、山西、云南、河北、陕西、宁夏、甘肃、青海、黑龙江和内蒙古等多地的果树生产都有危害，其幼虫在叶肉中蛀食，仅剩上、下表皮，造成叶片提早脱落，严重影响树势。

随着与国外交流的不断深入、新品种的不断引入，李病原物和李入侵害虫随之传入我国，如李痘病毒（*Plum pox virus*，PPV）、李属坏死环斑病毒（*Prunus necrotic ringspot virus*，PNRSV）、李象（plum curculio）等。李属坏死环斑病毒是世界上分布最广、经济危害最重的李属病毒，对我国北方的果树种植业构成严重的威胁，目前已传入我国十多个省、自治区、直辖市。我们应重视和加强动植物检疫工作，防止外来入侵生物影响李产业健康发展。

病虫害的防治是李产业的一个重要环节，应贯彻"预防为主，治疗为辅，防治结合"的方针，合理地利用植物检疫、农业防治、生物防治、物理防治、化学防治等一切有效的手段，将李的主要病虫害控制在经济阈值以下，实现李生产绿色优质高效的目标。

本节病害主要围绕真菌、细菌、病毒和类病毒病害以及线虫病害，虫害主要围绕螨类、蚜虫类、蚧类、食心虫类、其他害虫类进行介绍，内容均为李常见病虫害。

一、真菌病害（叶、花、果）

（一）李褐腐病

李褐腐病（brown rust）病原有性阶段为果生核盘菌［*Monilinia fructicola* （Wint）Rehm.］，属子囊菌亚门链核盘菌属真菌；无性阶段为果生丛梗孢菌（*Momila fruticola* Poll.），属半知菌亚门真菌。

1. **危害症状**　主要危害果实、花、叶及枝梢，其中以果实受害最重。果实被害，最初在果面产生褐色圆形病斑，如环境适宜，病斑在数日内便可扩及全果，果肉也随之变褐软腐，随后在病斑表面生出灰褐色绒状霉丛，常呈同心轮纹状排列，病果腐烂后易脱落，也有不少失水后变成僵果，悬挂枝上经久不落（彩图6）。花部受害自雄蕊及花瓣尖端开始，先发生褐色水渍状斑点，后逐渐延至全花，随即变褐而枯萎。天气潮湿时，病花迅速腐烂，表面丛生灰霉；如天气干燥则萎垂干枯，残留枝上，久不脱落。嫩叶受害，自叶缘开始，病部变褐萎垂，最后病叶残留枝上。新梢感病，形成溃疡斑，病斑长圆形，中央稍凹陷，灰褐色，边缘紫褐色，常发生流胶。

2. **发生规律**　以菌丝体在树上及落地的僵果、枝梢的病部越冬，翌年春季产生分生孢子，借风雨、昆虫传播，通过病虫伤、机械伤或自然孔口侵入。在适宜条件如高湿温暖环境下，病部表面产生大量分生孢子，引起再次侵染。花期低温、潮湿多雨，果实成熟期温暖多雨雾，有利于病害的流行，易引起花腐、果腐。树势衰弱、管理不善、枝叶过密、地势低洼的果园发病常较重。

3. **防治方法**

（1）加强果园管理。结合冬季修剪，彻底清除树上树下的病枝、病叶、僵果，集中烧毁；秋冬深翻树盘，将病菌埋于地下；及时防治害虫，减少伤口；完善排水设施，合理施肥，增强树势。

（2）化学防治。 李萌芽前喷施 45% 固体石硫合剂 30 倍液，铲除越冬病菌。春季是药剂防治的关键时期，可选择 10% 小檗碱盐酸盐可湿性粉剂 800～1 000 倍液、50% 啶酰菌胺水分散粒剂 1 000 倍液、50% 腐霉利可湿性粉剂 800～1 500 倍液、80% 嘧霉胺水分散粒剂 1 000～2 000 倍液、24% 腈苯唑悬浮剂 2 500～3 200 倍液，每隔 2 周防治 1 次，连续 2～3 次。

（二）李袋果病

李袋果病（plum pockets）又称囊果病，病原为子囊菌亚门的李外囊菌（*Taphrina pruni* Tul.），国内外分布较广，危害李属的多种植物，如李、毛梗李、山樱桃、樱桃等。李袋果病在我国东北和西南高原地区发生较多，近年来在重庆有发生范围渐广的趋势，特别在高山、管理较差果园以及低温多雨年份发生较重。

1. 危害症状 该病主要危害果实、花、枝梢和叶片。果实从谢花期开始被害，被害果生长畸形，初期呈圆形或袋状，后逐渐变狭长，略弯曲。病果畸变，无核或仅能见到未发育好的皱形核，中空如囊；病果外部平滑，淡黄色至红色，皱缩后变成灰色至暗褐色或黑色。枝梢染病，呈灰色，膨胀，组织松软。叶片染病后在展叶期开始变成黄色或红色，叶面皱缩不平，似桃缩叶病。5—6 月，病果、病枝、病叶表面着生白色粉状物，即病原菌的裸生子囊层。病枝秋后干枯死亡，翌年在这些枯枝下方长出的新梢易发病（彩图 7）。

2. 发生规律 病菌以菌丝和子囊孢子或芽孢子在芽鳞片外表或芽鳞片间越冬。侵染时期很早，在早春李露白发芽期遇雨水，越冬孢子发芽，随雨飞散传染。低温多雨，萌芽期拉长，病害发生较重。地势低洼、江河沿岸、低洼湖畔果园发病较多。反之，早春温暖少雨干燥，则发病较轻，气温超过 30 ℃ 即不发病。病害每年只有 1 次侵染，没有再侵染。

3. 防治方法

（1）加强果园管理。 在病叶初见而未形成白粉状物之前及时摘除病叶，集中烧毁，减少越冬菌源。发病较重的树，及时增施肥料，加强培育管理，促使树势恢复，以免影响产量。

（2）**化学防治**。重视冬季、春季清园，冬季修剪后，及时清理枯枝落叶，喷布1次2～3波美度的石硫合剂，或1：1：100波尔多液，也可喷布1.8%辛菌胺醋酸盐300～500倍液等清园杀菌。当年夏季到翌年早春李萌芽展叶前，病菌不侵入寄主，化学防治效果明显，但用药时间要恰当，过早过晚效果都不好，一般掌握在花瓣露白未展开时，注意用药要周到细致。李发芽后，一般不需再喷药。

（三）褐斑穿孔病

褐斑穿孔病（brown spot shot hole）又称褐斑病，病原为半知菌亚门叶点霉属的核果穿孔叶点霉（*Phyllosticta circumscissa* Cooke），还有文献报道为半知菌亚门的嗜果刀孢［*Clasterosporium carpophilum*（Lev.）Aderh.］。

1. **危害症状** 褐斑穿孔病在桃、李、杏等核果类果树上均可发生，病菌主要危害叶片，也可侵害嫩梢和果实。叶片受害，初期病斑圆形或近圆形，紫红色至紫褐色，直径1～4毫米，具有明显边缘。随病斑发展，边缘逐渐清晰，外围有时产生黄色晕圈，边缘紫色或紫红色，中部淡褐色至灰褐色。后期病斑边缘产生离层并形成裂缝，逐渐穿孔，穿孔边缘较整齐，外围常有明显的坏死组织残余。潮湿时，病斑表面可产生灰褐色霉状物（彩图8）。嫩梢及果实受害，病斑与叶片上的相似，嫩梢上病斑多为长椭圆形或长条形，果实上病斑为近圆形，后期均可产生灰褐色霉状物。

2. **发生规律** 病菌主要以菌丝体在病叶及枝梢病斑上越冬，翌年果树生长季节有降雨时产生分生孢子，通过风雨传播，直接侵染叶片、嫩梢及果实进行危害。病菌发育温度范围为7～37℃，适宜温度为25～28℃。低温多雨有利于病害发生和流行，地势低洼、果园郁闭、通风透光不良及树势衰弱、管理粗放的果园多发病较重。

3. 防治方法

（1）加强果园管理。选择李适生地建园；合理密植，采用适宜树形，避免留枝过多，及时夏剪疏枝，保证通风透光良好，降低李园湿度；增施农家肥等有机肥及磷、钾肥，避免偏施氮肥，增强树势，提高树体抗病能力。

（2）冬季清园。秋末冬初结合修剪，彻底剪除病残枝梢，将枯枝、树下的病叶和落果彻底清出园外，集中烧毁，或结合秋季施肥，将落叶与土肥混合回填于施肥沟（穴）内，深30厘米以下，控制菌源量，以减少病菌侵染和病害发生（郑重禄，2011）。

（3）化学防治。落花后，喷洒80%代森锰锌可湿性粉剂800～1 000倍液，或75%百菌清可湿性粉剂700～800倍液，7～10天再防治1次。发病初期可选用400克/升氯氟醚菌唑悬浮剂3 000～6 000倍液、25%吡唑醚菌酯悬浮剂1 000～1 500倍液、50%肟菌酯水分散粒剂7 000～8 000倍液、430克/升戊唑醇悬浮剂3 000～4 000倍液、40%苯甲·肟菌酯水分散粒剂4 000～5 000倍液、30%苯甲·吡唑酯悬浮剂2 500～3 500倍液、50%肟菌·喹啉铜水分散粒剂2 500～3 500倍液、30%苯甲·丙环唑悬乳剂1 000～1 500倍液、30%唑醚·戊唑醇悬浮剂1 000～1 500倍液防治。

（四）李穿孔性叶点病

李穿孔性叶点病（plum *Phyllosticta* leafspot）又称斑点病，病原属半知菌亚门腔孢纲球壳孢目叶点霉属（*Phyllosticta* sp.），病斑表面的小黑点为病菌的分生孢子器。

1. 危害症状　该病主要危害叶片。发病初期，叶片上产生淡绿色至淡褐色圆形小斑点，外围带有黄绿色晕圈。中期病斑逐渐变为红褐色至褐色，边缘颜色较深，圆形或近圆形。后期病斑表面散生出多个小黑点，有时病斑边缘可产生裂缝，形成穿孔。发病严重时叶片上散布许多病斑，导致叶片早期脱落。

2. 发生规律　病菌以菌丝体或分生孢子器在落叶上越冬。翌年条件适宜时产生分生孢子并释放，通过风雨传播扩散，从皮孔或气孔侵染危害。温暖潮湿有利于病害发生，地势低洼、枝条郁闭果园发病较重。

3. 防治方法

（1）加强果园管理。适时疏枝修剪，使果园通风透光良好，以降低果园湿度，减轻病害的发生。清扫落叶，集中烧毁或深埋，减少病菌来源。

（2）化学防治。从初见病斑时开始喷药，15 天左右喷 1 次，连喷 2 次左右。可选用 430 克/升戊唑醇悬浮剂 3 000～4 000 倍液、10％苯醚甲环唑水分散粒剂 1 500～2 000 倍液、80％代森锰锌可湿性粉剂 800～1 000 倍液、25％吡唑醚菌酯悬浮剂 1 000～1 500 倍液、30％唑醚·戊唑醇悬浮剂 800～1 500 倍液、40％苯甲·肟菌酯水分散粒剂 3 000～4 000 倍液、30％苯甲·丙环唑悬乳剂 1 500～2 000 倍液。

（五）霉斑穿孔病

霉斑穿孔病（mold perforation）在桃、李、杏、樱桃等核果类果树上均可发生，病菌主要危害叶片，也可侵害枝梢、芽及果实。该病病原为嗜果刀孢 ［*Clasterosporium carpophilum*（Lev.）Aderh.］，属半知菌亚门丝孢纲丝孢目。

1. 危害症状 叶片被害，病斑初为淡黄绿色，后期变为褐色，圆形或不规则形，直径 2～6 毫米。后期病斑边缘产生裂缝，导致病斑脱落形成穿孔，穿孔边缘整齐，无坏死组织残留，严重时，病叶上常散布多个病斑。潮湿时病斑背面长出灰黑色霉层，最后脱落穿孔，幼叶被害大多焦枯，不形成穿孔。新梢发病时以芽为中心形成长椭圆形病斑，边缘紫褐色，龟裂和流胶。较老的枝条上形成球形瘤状物。果实被害，病斑初为紫色，渐变褐色，边缘红色，中央稍凹陷。花梗发病，不开花即干枯脱落（许长新等，2019）。

2. 发生规律 病菌主要以菌丝体及分生孢子在病叶、枝梢和芽内越冬，翌年李发芽展叶时，产生分生孢子，通过风雨传播，直接侵染叶片危害。叶片发病后继续产生分生孢子，再经风雨传播，侵害叶片、枝梢及果实。

病菌分生孢子在 5～6 ℃时即可萌发侵染，日平均气温 19 ℃时病害潜育期仅为 5 天。19～32 ℃是该病最适发生期，日最高温度超过 35 ℃时病害发生减弱。低温、多雨、高湿有利于病害发生，树势衰弱、地势低洼、阴湿郁闭及管理粗放的果园病害发生较重（王剑荣等，2006）。

3. 防治方法

（1）冬季修剪。剪除枯枝、病梢，及时清扫落叶、落果等，集中烧毁，消灭越冬菌源。

（2）增强树势。增施有机肥和磷、钾肥，避免偏施氮肥。做好夏剪，改善通风透光条件，强壮树势，提高抗病力。

（3）清园杀菌。花芽露白前（萌芽初期），喷药清园，铲除越冬病菌，发芽前，全园喷施辛菌胺、石硫合剂等药剂，杀灭树上残余越冬菌源。

（4）化学防治。从落花后半月左右开始喷药，可使用 80％代森锰锌可湿性粉剂 800～1 000 倍液、10％苯醚甲环唑水分散粒剂 1 500～2 000 倍液、30％苯甲•丙环唑悬乳剂 1 000～1 500 倍液、30％唑醚•戊唑醇悬浮剂 1 000～1 500 倍液，15 天左右喷 1 次，连喷 2～4 次。

（六）李红点病

李红点病（plum leaf blister）又称红肿病，是李上一种常见病害，在我国李产区均有发生，病原为子囊菌亚门的李疔菌［*Polystigma rubrum*（Pers.）DC.］，无性阶段为半知菌亚门的多点霉菌［*Polystigmina rubra*（Desm.）Sacc.］。

1. 危害症状 李红点病主要危害叶片，有时也侵害叶柄和果实。叶片受害，叶面上先产生橙黄色稍隆起圆形小点，然后病斑扩大，病部叶肉增厚，病斑正面凹陷，形成边缘清晰的橙黄色圆形病斑，表面逐渐产生橘红色小点。随病斑发展，病部叶肉增厚明显，正面显著凹陷，背面形成突起，病斑颜色呈橘红色。病斑多时，病叶卷曲，严重时叶片脱落。叶柄受害，病斑发展与叶片相似，病部肿胀。果实受害，产生橙红色圆形病斑，稍隆起，边缘不清楚，最后呈红黑色，其上散生很多深红色小粒点，常畸形，不能食用，易脱落（彩图9）。

2. **发生规律**　病菌主要以子囊壳在病落叶上越冬。翌年开花末期，越冬病菌开始产生并释放出子囊孢子，通过风雨及气流传播，进行侵染危害，均为初侵染，没有再侵染危害。此病从展叶盛期到9月都能发生，尤其在雨季发生严重（李学华，2005）。分生孢子器于7—8月成熟，子囊壳则于10—11月叶片枯死后才完全成熟。分生孢子在侵染中不起作用，多雨潮湿是影响该病发生的主要因素，管理粗放果园、山坡地果园发生较重。

3. **防治方法**

（1）**加强果园管理**。增施有机肥改良土壤，增强树体的抗病能力，并注意排水，避免果园湿度过大。彻底清除李园中的病叶、病果，集中烧毁或深埋。

（2）**化学防治**。往年红点病发生较重的果园，从落花后开始喷药，10～15天喷1次，连喷2～4次。可选用的药剂有12.5%烯唑醇可湿性粉剂750～1 000倍液、10%苯醚甲环唑水分散粒剂1 500～2 000倍液、430克/升戊唑醇悬浮剂3 000～4 000倍液、40%肟菌·戊唑醇悬浮剂2 000～3 000倍液、40%丁香·戊唑醇2 500～3 000倍液、30%戊唑·多菌灵悬浮剂800～1 000倍液、30%苯甲·丙环唑悬乳剂1 000～1 500倍液、30%唑醚·戊唑醇悬浮剂1 000～1 500倍液。

（七）炭疽病

炭疽病（anthracnose）是一种常见果实病害，在桃、李、杏等核果类果树上均可发生，全国各产区均有分布，病原为子囊菌亚门小丛壳属的围小丛壳菌［*Glomerella cingulata*（Stonem）Spauld. et Schrenk］，无性阶段为半知菌亚门炭疽菌属的胶孢炭疽菌〔*Colletotrichum gloeosporioides* (Penz.) Sacc.〕（图3）。

1. 危害症状 该病主要危害果实、叶片和新梢。果实感病，初期产生淡褐色水渍状病斑，随着果实膨大，红褐色病斑也随之扩大，呈圆形或椭圆形，显著凹陷，分布小黑点，呈同心轮纹状排列。叶片感病，初期有红褐色病斑，逐渐变为灰褐色，后期病斑扩大，叶片焦枯，枯斑上散生呈同心轮纹状排列的小黑点（彩图10）。新梢感病，出现暗褐色、稍下陷、椭圆形的病斑，上面长有呈同心轮纹状排列的小黑点。气候潮湿时，病斑分泌出橘红色小粒点，为病菌的分生孢子盘。

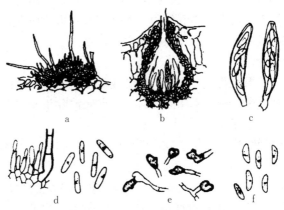

图3　胶孢炭疽菌形态示意（陈利锋，徐敬友，2001）
a. 分生孢子盘　b. 子囊壳　c. 子囊
d. 分生孢子梗及分生孢子　e. 附着胞　f. 子囊孢子

2. 发生规律 病菌主要在树上的病枝和僵果中越冬。翌年早春产生分生孢子，随风雨传播，通过伤口或幼嫩组织侵入新梢和幼果，进行初侵染。炭疽病发生时期很长，侵染期长达数月，从落花后的幼果至采收前的成熟果实均能侵染。该病发病期自花芽萌动到结果期，果枝大量枯死。在花萼脱落至果核硬化前，幼果发病，大量幼果腐烂脱落，形成果实发病高峰，果实膨大期一般发病较轻。炭疽病菌具有潜伏侵染的特性，幼果期潜育期较长，一般不表现症状，果实越近成熟越容易发病。

炭疽病的发生与降水和空气湿度有密切关系，高温高湿条件下发病严重。幼果期雨水多，有利于分生孢子的产生、传播和侵染，形成大量的菌源；到了果实膨大期，进入发病期后，每次降雨后均可出现孢子大量扩散，如连续几天阴雨，往往导致该病暴发。春季雨水充足、夏季高温多雨往往发病重；栽培管理粗放，虫害危害严重，给病菌造成更多的侵染机会，发病重；果园郁闭、树势衰弱的发病较重。

3. 防治方法

（1）清除初侵染源。结合冬季剪枝清除果园病枝，清除枝头和地面僵果。萌芽前，果园喷施 3～5 波美度石硫合剂或 1∶1∶100 波尔多液，铲除越冬菌源，减少初侵染菌量。

（2）加强果园管理。合理密植和整形修剪，保持果园通风透光。注意果园排水，降低湿度。合理施肥，提高植株抗病能力。

（3）化学防治。在坐果后即开始进行化学防治。喷药要注意抓紧在雨季前和发病初期进行，重点是保护幼果，每隔 10 天左右喷 1 次药，共喷 3～4 次，其中以 4 月下旬至 5 月上旬的两次施药最重要。药剂可选用 25％苯醚·甲环唑悬浮剂 2 000～3 000 倍液、25％吡唑·醚菌酯悬浮剂 1 000～1 500 倍液、22.5％啶氧菌酯悬浮剂 1 500～2 000 倍液、22.7％二氰蒽醌悬浮剂 1 000 倍液、40％二氰·吡唑酯悬浮剂 1 000～1 500 倍液、30％苯甲·吡唑酯悬浮剂 3 000～4 000 倍液、60％唑醚·代森联水分散粒剂 1 000 倍液、30％唑醚·戊唑醇悬浮剂 1 000 倍液。

（八）疮痂病

疮痂病（plum scab）又称黑星病、黑点病、黑痣病，为世界性病害，在我国各李区也常有发生，是温暖多雨地区的主要病害。该病除危害李外，还危害梅、杏、桃、扁桃、樱桃等多种核果类果树。病原为半知菌类枝孢霉属的嗜果枝孢（*Cladosporium carpophilum* Thüm.）（图 4），有性阶段为子囊菌门嗜果黑星菌属的嗜果黑星菌（*Venturia carpophila E. E. Fisher*）。

1. 危害症状 主要危害果实及枝梢，果实肩部、尖部及胴部均可发病，但以果实向阳面发病较多（彩图11）。发病初期出现暗褐色至深褐色圆形斑点，后发展成黑色痣状病斑，直径2～3毫米。病斑通常集中发生，聚合成片，表面产生黑色霉状物。病菌侵染仅限于表层组织，当病部组织枯死后，果肉仍在继续生长，导致病果

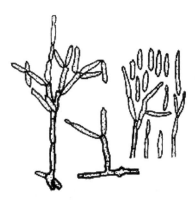

图4　嗜果枝孢分生孢子梗及分生孢子形态示意
（赖传雄，袁高庆，2008）

常在病斑处发生龟裂，呈疮痂状，甚至造成果实开裂。严重时，许多果实集中受害。新梢受害，亦只在表层组织危害，初为长圆形浅褐色病斑，后呈暗褐色，病部微隆起，常发生流胶，秋季枝梢病斑变灰褐色至褐色，周围暗褐色至紫褐色。叶片受害，初期产生多角形或不规则形灰绿色病斑，后发展为暗色或紫红色，最后病部干枯脱落而形成穿孔。

2. 发生规律 病菌以菌丝体在枝梢病组织中越冬，翌年春季气温上升，病菌产生分生孢子，通过风雨传播到果实、枝条和叶片上，引起初次侵染。病菌在果实上的潜伏期长达40～70天，在新梢和叶片上为25～45天。5—6月发病最盛。孢子产生的最适温度为20～28℃，相对湿度为80%以上。多雨和高湿有利于病害流行，尤其是春季和初夏降水量多时发病更严重。排水不良、枝条郁闭等均能加重病害的发生，老树园、病原菌密度大的果园发病重。

3. 防治方法

（1）加强果园管理。秋末冬初结合修剪，剪除病枯枝，清除僵果、残桩，集中烧毁或深埋，减少越冬菌源。注意雨后排水，生长

季节适时夏剪，改善果园通风透光条件，可减轻发病。

（2）化学防治。李萌芽前喷施 45％晶体石硫合剂 50 倍液。落花后半月至初夏，每 10～15 天喷药 1 次，连喷 3～4 次，可选用 50％苯菌灵可湿性粉剂 1 500 倍液、70％代森联水分散粒剂 600～800 倍液、25％溴菌腈微乳剂 1 500～2 500 倍液、60％唑醚·代森联水分散粒剂 1 000 倍液、40％吡唑醚菌酯·王铜悬浮剂 1 000～1 500 倍液、75％肟菌·戊唑醇水分散粒剂 4 000～5 000 倍液、55％苯甲·克菌丹水分散粒剂 1 500～2 000 倍液、30％唑醚·戊唑醇悬浮剂 1 000 倍液。

（九）白粉病

白粉病（powdery mildew）在桃、李、杏、樱桃等核果类果树上均可发生，全国各产地均有分布。病原为三指叉丝单囊壳 ［*Podosphaera tridactyla*（Wallr.）de Bary］，属子囊菌亚门核菌纲白粉菌目（图 5）；无性阶段为白粉孢（*Oidium erysiphoides* Fr.），属半知菌亚门丝孢纲丝孢目。病斑表面的黑色小颗粒即为病菌有性阶段的闭囊壳，白色粉斑是病菌无性阶段的分生孢子梗和分生孢子。

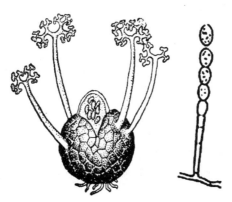

图 5　叉丝单囊壳属白粉菌子囊壳（左）和分生孢子梗
及分生孢子（右）形态示意（周茂繁，1989）

1. 危害症状 白粉病主要危害叶片、新梢和果实，也可侵染芽，发病后的主要症状是在受害部位表面产生一层白粉状物。叶片受害多发生在叶片正面，初期在叶面产生近圆形白色粉斑，后粉斑逐渐扩大成片状，病斑多时相互连片，叶面布满白粉；有时粉斑也可在叶背产生，相对应的叶面处出现褪绿黄斑（彩图 12）。后期在白粉状物上可散生许多褐色至黑色的小颗粒状物，严重时叶片背面也可产生。受害病叶凹凸不平、扭曲畸形，甚至脱落。严重时较多叶片受害，导致树势衰弱，甚至造成落叶。

果实从幼果至成熟均可受害。染病初期，幼果病斑直径 3～5 毫米，后期扩大到 10 毫米以上，有时数斑相连会更大，病部表面布满薄厚不均的绒毛状白粉，不规则，擦除白粉时有油腻感，病部果面失绿呈黄白色，伴有浅褐色小斑点；果实生长后期，果面白粉较少，可见白色菌丝体，病部表皮上露出浅褐色细小花纹状锈斑，严重时角质化龟裂，病果生长缓慢，导致畸形，较正常果实小。病斑扩大到果面的一半以上时，果实变黄萎蔫，最后脱落（王小银，2011）。

2. 发生规律 病菌主要以菌丝体在病芽内或以闭囊壳在叶片上越冬，翌年产生子囊孢子，通过气流传播进行侵染危害，而后在田间蔓延。在芽内越冬的病菌，随病芽萌发形成病梢后产生大量分生孢子，通过气流传播，进行扩散。病菌多从气孔或皮孔侵染，该病在田间有多次再侵染，再侵染传播均为气流传播。一般 5—6 月果园内出现病叶、病果，进入 6 月后病害开始快速蔓延，导致提前落叶。白粉病一般在干旱年份潮湿环境的果园或多雨季节通风透光良好的果园发生较多，管理粗放果园容易受害。

3. 防治方法

（1）加强果园管理。 发芽前彻底清扫落叶，集中深埋或烧毁，消灭在落叶上越冬的病菌。春季发现病梢后及时剪除，集中深埋，减少田间发病中心及菌量。

（2）化学防治。 往年病梢发生较重的果园，在落花后立即开始喷药，7～10 天喷 1 次，连喷 2 次，控制和减少病梢形成。然后从叶片上初见粉斑时开始喷药（多为 5—6 月），10～15 天喷 1 次，连喷 2～4 次，即可有效控制白粉病的发生危害。常用有效药剂有 30% 己唑醇·乙嘧酚悬浮剂 800～1 000 倍液、12.5% 烯唑醇可湿性粉剂 750～1 000 倍液、4% 四氟醚唑水乳剂 800～1 000 倍液、50% 醚菌酯水分散粒剂 2 000～3 000 倍液、250 克/升吡唑·醚菌酯悬浮剂 1 500～2 000 倍液。

（十）褐锈病

褐锈病（brown rust）病原为刺李瘤双胞锈菌 [*Tranzschelia pruni-spinosae*（Pers.）Diet.]，属担子菌亚门冬孢菌纲锈菌目。病斑背面的褐色疱疹斑和铁锈状粉末分别是病菌的夏孢子堆和夏孢子，后期形成的褐色小点为冬孢子堆。该病菌是一种全孢型转主寄生性锈菌，中间寄主为毛茛科白头翁属和唐松草属植物。

1. **危害症状**　褐锈病主要危害叶片。发病初期，叶片背面产生褐色圆形疱疹状小斑点，稍显隆起，常多点散生，叶片正面相对应处出现许多褪绿黄色小斑点。随病情进一步发展，叶背褐色疱疹斑表面逐渐破裂，散出黄褐色铁锈状粉末，对应叶片正面的褪绿黄点逐渐变褐枯死。后期，叶背逐渐产生稍突起的褐色小点。叶片上常散布许多病斑，严重时病叶易变黄脱落（彩图 13）。

2. **发生规律**　该病一般 6—7 月开始发病，8—9 月进入发病盛期。病菌主要以孢子在落叶中越冬，翌年萌发产生担孢子，侵染中间寄主植物，在中间寄主上产生孢子后，通过气流传播到叶片上侵染危害。在温暖地区还能以夏孢子在叶片上越冬，直接传播到李叶上侵染危害，叶片发病后产生的夏孢子可以进行再侵染危害。多雨潮湿有利于病害发生。

3. **防治方法**

（1）**加强果园管理。** 李落叶后至发芽前，彻底清除落叶，集中烧毁或深埋，并注意清除果园内的各种杂草，消灭病菌越冬场所。

（2）**化学防治。** 褐锈病多为零星发生，一般果园结合其他病害喷药兼防即可，不需单独进行喷药。个别病害发生严重果园，发病前可选用80％代森锰锌可湿性粉剂800～1 000倍液、12.5％烯唑醇可湿性粉剂750～1 000倍液等药剂进行预防，10～15天喷1次，连喷2次左右即可；发病初、中期可选用12.5％烯唑醇可湿性粉剂750～1 000倍液、10％苯醚·甲环唑水分散粒剂1 000～1 500倍液、430克/升戊唑醇悬浮剂2 000～3 000倍液、30％苯甲·丙环唑悬乳剂1 000～1 500倍液、30％唑醚·戊唑醇悬浮剂1 000～1 500倍液进行喷雾防治。

二、真菌病害（枝干）

（一）膏药病

膏药病（plum leaf scald）又称烂脚癣，在桃、李、杏等核果类果树上均可发生，以南方果区较为常见。病原为田中氏隔担耳［*Septobasidium tanakae*（Miyabe）Boed. et Steinm］、茂物隔担耳（*Septobasidium bogoriense* Pat.），均属担子菌亚门层菌纲隔担菌目。

1. **危害症状**　主要危害树干和枝梢，也能使叶片和果实受害。病斑有两种类型。一是灰色膏药病，发病后的主要症状特点是在枝干表面产生膏药状菌丝层膜。该菌膜呈圆形或不规则形，有时环绕整个枝干，表面较平滑。初期为灰白色至茶褐色，质地疏松，呈海绵状，逐渐变暗灰色，后期多为紫褐色至黑色，树皮发生轻度腐烂，导致树势衰弱。二是褐色膏药病，发病后的主要症状特点是在枝干表面产生膏药状菌丝层膜。该菌膜呈圆形、近圆形或不规则形，有时环绕整个枝干，表面呈丝绒状，灰白色至褐色，外缘有狭窄的灰白色带。菌膜下树皮易发生轻度腐烂，导致树势衰弱。这两种膏药病的膏药状子实体后期常龟裂，易剥离（彩图14）。

2. **发生规律**　病菌主要以菌膜、菌丝体在枝干表面的病斑上越冬。翌年春季，当温度、湿度条件适宜时，菌丝生长形成子实体，孢子通过风雨或昆虫传播，以枝干表面营养为基质进行生长，特别是介壳虫的分泌物最为适宜，故在介壳虫和蚜虫发生严重的李园，该病发生普遍。另外，管理粗放、地势低洼、阴湿郁闭、通风不良的果园该病发生也较为严重。

3. 防治方法

（1）加强果园管理。 合理施肥灌水，增强树势，提高树体抗病力。加强栽培管理，科学修剪，促进果园通风透光，雨季及时排水，降低环境湿度。结合修剪，清理李园，减少病源。果园行间不宜种植烟草、白菜、甜椒等农作物，以减少蚜虫夏季繁殖场所。根据相关文献资料介绍，李膏药病的发生与李整体缺乏中、微量元素有很大的关系，及时补充中、微量元素有利于预防该病发生，可在秋季施肥及平时用药的基础上土施锌、硼等微量元素肥。

（2）化学防治。 刮除菌膜，再涂抹 3～5 波美度石硫合剂或 1：1：100 波尔多液、1.8%辛菌胺醋酸盐等进行杀菌处理，待药液干后使用 3%甲基硫菌灵等伤口愈合剂涂抹伤口，避免再次感染，同时促进伤口愈合。同时防治蚜虫和蚧类害虫，控制害虫繁殖和危害。

（二）李树腐烂病

李树腐烂病（plum canker）又称干枯病、烂皮病，在桃、李、杏等核果类果树上均可发生，全国各产区均有分布。病原菌为核果黑腐皮壳 [*Valsa leucostoma*（Pers.）Fr.]，属子囊菌亚门核菌纲球壳菌目；无性阶段为核果壳囊孢 [*Cytospora leucostoma*（Pers.）Fr.]，属半知菌类壳囊孢属。病斑表面的小黑点为病菌的子座组织和分生孢子器（或子囊壳），橘黄色丝状物为病菌的孢子（分生孢子或子囊孢子）黏液。

1. 危害症状 腐烂病斑分为溃疡型和枝枯型两种。溃疡型病斑多发生在较粗大枝干上，病斑四周常形成愈伤组织，春季到秋季均可发病，以早春发病最快，先感染较小的枝条，芽萌发 2～4 周后，在芽或叶痕周围形成稍凹陷的褪绿病部区域，并从这些部位渗出琥珀色的流胶，引起溃疡症状。枝枯型病斑多发生在较细小枝条上，病斑扩展较快，易环绕枝条一周造成枝条枯死。树势衰弱时易旧病复发，造成枝干枯死或全株死亡，并可以 1 年生的嫩枝为侵染源，逐渐向主干枝和树干扩散，导致主干枝条和树体逐渐死亡。在主干枝及树干上，也会产生非常明显的稍凹陷、椭圆形的紫红色溃疡斑，在病斑扩展部位还常会留下同心轮纹。病部密生米粒大的胶点，胶点下的皮层组织腐烂，呈现黄褐色，有酒糟气味（陆卫明等，1999），并迅速扩展达木质部。在弱枝上，病部呈长条状纵向发展，长可达 1 米以上。叶片上会表现出褪绿、枯萎和开裂症状。

2. **发生规律**　病菌以菌丝体及子座组织（小黑点）在枝干病斑上越冬。晚秋和早春遇潮湿寒冷的天气，产生大量的分生孢子，如雨水充足，分生孢子可周年产生。在果树生长季节，病菌孢子通过雨水及昆虫传播，主要从伤口侵染危害，也可经皮孔侵入，侵染后在皮层内扩展危害，严重时还可侵害浅层木质部。腐烂病从早春到晚秋均可发生，但以 4—6 月病斑发展最快，危害也最重。

腐烂病菌是一种弱寄生性真菌，一般不能直接侵入，当树势衰弱、抗病力降低时，病害将会较重发生，故生长旺盛的幼树一般较抗病，而生长衰弱的老树则容易感病，在 1 年生的枝梢芽点被病菌侵入。另外，树体营养缺乏，遭受冻害、细菌及线虫危害时，都能降低树体抗病性，易于感染该病。土壤黏重、有机质匮乏、偏施氮肥及枝干病虫害发生多的果园，腐烂病常发生较重，土壤干旱或发生涝害的果园病害也容易发生较重。

3. **防治方法**

(1) **加强果园管理**。选择适宜土壤栽培。冬季树干涂白，防止冻伤和灼伤发生，减少蛀虫危害。合理施肥，避免树体养分供应缺乏。从幼树开始就合理修剪，培育良好的树形，并在夏季、冬季及时清除病枝病皮，减少侵染来源。注意排灌，合理疏花疏果。通过加强果园管理，促进李健壮生长，增强树体抗病力，是防治腐烂病的关键。

(2) **化学防治**。李、杏、樱桃等核果类果树枝干受伤后极易流胶，伤口很难愈合，因此这类果树上的腐烂病病斑不宜进行刮治，而应轻刮病皮后涂抹内吸性或内渗性较强的药剂进行治疗。可使用3％甲基硫菌灵伤口愈合剂、45％代森铵水剂100倍液、21％过氧乙酸水剂3～5倍液、30％戊唑·多菌灵悬浮剂100～150倍液、41％甲硫·戊唑醇悬浮剂100～150倍液、2.12％腐殖酸·铜水剂原液、0.15％四霉素水剂5～10倍液进行涂抹。

（三）枝枯病

枝枯病（plum twig blight）的优势菌株为七叶树壳梭孢（*Fusicoccum aesculi* Corda.），占比为66.67％；另外发现了2个新记录种，小新壳梭孢（*Neofusicoccum parvum*）和可可毛色二孢（*Lasiodiplodia theobromae*），占比分别为27.78％和5.55％（唐利华等，2018）。

1. **危害症状**　发病初期大多从小枝上开始表现，在1支枝序上，枯萎的小枝并不是枝枝相连，而是有1支到数支小枝枯萎，间有1支到数支小枝健活，活小枝与枯小枝枝序相间，大枝亦开始有侵害。10～15天后，大枝上的腐烂病斑逐渐显现，初期呈暗褐色，后加深至黑褐色，病斑不断扩大，枝上果实干瘪脱落，直至整支枝序枯萎。

2. **发生规律**　地势低洼、排水不良、湿度较大的园地，枝枯病发生严重。施肥量不足，树体营养不良，容易导致枝腐病或枝干流胶病的暴发。树体若修剪不好，直立枝旺发，树冠郁闭，导致枝腐病发生严重。此外，剪下枯枝若不及时处理，将枯枝丢弃园间，造成枝腐病菌再寄生，也是发病重的原因。

3. **防治方法**

（1）**农业防治**。合理施肥，成年投产李树应控制氮肥用量，适当增施磷、钾肥的施肥量，控制坐果量，保持健壮或中庸树势。合理修剪，确保树体通风透光。排水差、地下水位高的李园要开深沟排水，降低田间湿度，以减轻发病。

（2）**化学防治**。早期刮净病斑或及时剪除病枝，锯去枯死枝干，刮平，再涂抹3％甲基硫菌灵伤口愈合剂，或使用50％菌毒清水剂 30～50 倍液保护伤口。地面喷 95% 敌磺钠可溶性粉剂 600 倍液消毒。

（四）真菌性流胶病

真菌性流胶病（fungal gummosis）在李上是一种发生最为普遍、造成危害最广的病害。一般认为流胶病包括非侵染性和侵染性两种，非侵染性病害的发生原因有天牛等昆虫的危害、修剪过重、土壤黏重等，侵染性流胶病是由真菌引起，首次于 1960 年在美国和日本报道，后来在澳大利亚和我国有报道。真菌性流胶病可造成树势衰弱，果品质量下降。流胶病在我国李产区均有发生。据报道，福建省永泰、闽清等地区发病率高达 90% 以上；四川省茂县、理县、屏山县等产地一般发病率为 5%～8%，严重的高达 15% 以上；经调查，吉林部分产区 5 年以上树龄的发病率高达 38% 以上；辽南地区李丰产园的流胶病发病率一般为 10%～25%，严重的高达 30% 以上（张广仁等，2020）。

病原为子囊菌门中葡萄座腔菌属的茶藨子葡萄座腔菌 ［*Botryosphaeria ribis* (Tode) Grossenb. et Duggar］，无性阶段为半知菌类七叶树壳梭孢（*Fusicoccum aesculi* Corda.）。

1. 危害症状　该病主要危害枝干及果实，一般先在枝干表现症状，随后在枝条和果枝上表现症状。在 1 年生嫩枝上发病时，新梢上产生以皮孔为中心的瘤状突起病斑，但不流胶，初夏，皮开裂溢出胶状液，为无色半透明黏质物，后变为茶褐色硬块，病部凹陷成圆形或不规则斑块，其上散生小黑点。多年生枝干感病，产生水泡状隆起，病部均可渗出褐色胶液，可导致枝干溃疡甚至枯死（彩图 15）。果实感病时，发生褐色腐烂，其上密生小粒点，潮湿时流出白色块状物（张水红等，2015）。

2. 发生规律　病菌以分生孢子器、菌丝体和子囊座在被害枝干的木质部和树皮病组织内越冬，翌年 3 月下旬至 4 月中旬产生分生孢子，分生孢子萌发产生芽管，通过雨水传播，从皮孔、伤口侵入。流胶程度受气候影响较大，气温升高、雨水增多会加重病情。

当气温在 15 ℃左右时，病部即可渗出胶液，随着气温上升，树体流胶增多，病情逐渐严重。

侵染性流胶病 1 年有 2 个发病高峰，第一次在 5 月上旬至 6 月上旬，第二次在 8 月上旬至 9 月上旬，后期不再侵染危害。

3. 防治方法

(1) 加强果园管理，增强抗病性。合理施肥，增施有机肥及磷、钾肥。低洼积水地注意排水，盐碱地要注意排盐。合理修剪，减少枝干伤口，预防病虫伤口，田间管理时注意不要损伤树干皮层。在高温干旱季节及时灌水能有效预防该病发生。

(2) 清除越冬菌源。最好在冬季修剪时，除去有病害的枝梢，刮除流胶硬块及其下部的腐烂皮层及木质。喷雾 50 亿 CFU（菌落形成单位）/克多黏类芽孢杆菌可湿性粉剂 1 000～1 500 倍液、5 波美度石硫合剂等消毒杀菌，随后处理伤口，可使用 3% 甲基硫菌灵等伤口愈合剂促进伤口愈合。冬季修剪后进行树干、大枝涂白，消灭越冬菌源、虫卵，还可预防冻害、日灼发生。

(3) 化学防治。一般选择 5—6 月生长季节，结合其他病虫害防治工作，可选用喷施 12.5% 烯唑醇可湿性粉剂 2 000～2 500 倍液、50% 多菌灵可湿性粉剂 800 倍液、50% 腐霉利可湿性粉剂 1 500 倍液喷布树体。

三、真菌病害（根）

（一）李白纹羽病

李白纹羽病（plum tree white root rot）是美国黑李重要的根部病害，常造成黑李大批枯死。该病分布广、寄主多，包括李、桃、梨、葡萄、板栗、柑橘、甘薯、马铃薯和大豆等作物，容易相互传染发病。病原为子囊菌亚门的褐座坚壳 [*Rosellinia necatrix* (Hartig) Berless]，无性世代为半知菌亚门的白纹羽束丝菌（*Dematophora necatrix*）。

1. 危害症状　李白纹羽病发病从细支根开始，逐渐向侧根、

主根等上部扩展，但很少扩展到根颈部及地面以上。病株在初期表现为地上部分比健株衰弱，到后期出现叶片变黄、枯萎、变小、枯枝、枯干等特征。根部表面表现为缠有灰白色蛛网状菌丝层，皮层变褐、腐烂且新根稀少。病株树皮变黑，容易脱落，易从土中拔出，在根颈部出现黑色的胶状溢出物，易折断。土壤湿度过大时，在病根处长出大量菌丝，呈白色羽绒状，并产生许多细小白色菌块。

2. **发生规律**　病菌以菌丝体、根状菌索随病根在土壤中越冬。翌年 3 月中旬至 11 月上旬，在土壤温度、湿度等条件适宜时，根状菌索长出营养菌丝，首先侵害新根，导致被害细根软化腐烂，而后逐渐延及粗根。病菌生长最适温度为 25 ℃，最高为 30 ℃，最低为 11.5 ℃。李园土壤潮湿、排水不良、施肥不当、有机质缺乏、定植过深或培土过厚、耕作时伤害根部等因素都有利发病，导致病害严重发生。

3. **防治方法**

(1) 农业防治。雨后及时排水，可抑制病菌的生长蔓延。氮、磷、钾肥要合理搭配使用，增施有机肥。合理整枝修剪，切忌过度修剪，从而造成树势衰弱。

(2) 化学防治。严格剔除病苗，栽植前用 10％硫酸铜溶液或 70％甲基硫菌灵可湿性粉剂 500 倍液浸根 1 小时后再定植，嫁接口要露出地面，防止土壤中的病菌从接口处侵入。症状初见时，扒开根部周围的土壤进行检查，确诊根部发生白纹羽病后，则将已霉烂的根切除，再浇施药液或撒施药粉，切除的病根及病根周围扒出的土壤带出李园，换上无病新土。枯死树及临枯死树应及早连根挖除烧毁。病树处理及施药，上半年在 3—5 月进行，下半年在 9—10 月进行，避免在 7、8 月高温、干燥季节扒土施药。药剂可选用 25％甲霜灵可湿性粉剂 500 倍液，或 50％福美双可湿性粉剂 500 倍液，或 45％代森铵水剂 1 000 倍液。根据植株大小，每病株灌注 10～25 千克药液，以树干为中心，开挖 3～5 条辐射沟，进行药液灌根，然后覆盖新土。

(二) 桃根朽病

桃根朽病（*Armillaria* root rot of peach）病原为担子菌门伞菌目蜜环菌属的 3 个种：蜜环菌 [*Armillaria mellea*（Vahl ex Fr.）Kummer]（图 6）、假蜜环菌 [*Armillariella tabescens*（Scop. ex Fr.）Singer] 和奥氏蜜环菌 [*Armillaria ostoyae*（Romagn.）Herink]。

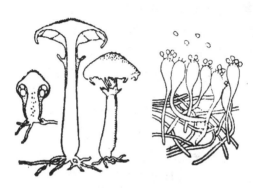

图 6　蜜环菌子实体（左）和担子及担孢子（右）
形态示意（周茂繁，1989）

1. **危害症状**　桃根朽病是核果类果树根部的一种重要病害，使树体皮层溃烂及木质部腐朽，导致树势迅速衰退、死亡，容易在新建果园严重暴发，在我国及世界其他地区均有分布。其寄主范围极广，达 100 多科，可危害李、梨、山楂、枣、杨、榆、柳、刺槐、葡萄、板栗、苹果等多种重要果树和林木。

病株首先表现为发芽展叶迟缓，全株叶片卷曲，变小而薄，从上而下逐渐黄化至脱落。病菌常从根颈部的伤口处开始侵染，并沿主干和主根上下扩展，皮层内、皮层与木质部之间形成白色至淡黄色的扇形菌丝层，有时会在病株表面形成黑色的菌索。病菌分泌纤维素酶、半纤维素酶和木质素酶，分解寄主皮层和木质部组织，使病部变软、变白、腐烂，造成寄主树皮环割而致植株枯死。病组织具有浓厚的蘑菇气味，在夏末至早秋会在树基部生出成簇的褐色蘑菇，一般为 6～7 个，多者达 20～50 个。病部新鲜的菌丝层或病组织在黑暗处可以发出蓝绿色荧光，老熟后呈黄褐色至褐色，不发光。

2. 发生规律　病菌以菌丝体及菌索在有病组织的土壤中可长期营腐生生活，其中菌索可在死亡病树桩内存活 30 年之久，主要通过病根与健根的接触、菌索的扩展进行传播。病菌接触到新的寄主后，先建立腐生关系，当条件适宜时，直接或从伤口侵入根内，开始新的侵染。病菌子实体成熟时，可产生大量担孢子进行传播。病菌在 8～28 ℃均可发育，最适温度为 25 ℃，不需光。本病一般在春、秋季发病较多，病害的发生盛期一般为 3—4 月和 8—9 月。

土壤带菌是影响发病的关键因素。土壤带菌时，无论新栽幼树还是老树都会迅速死亡，即使在排灌良好的土壤也是如此。一般情况下幼树很少发病，成年树及衰老树易受侵染导致发病，因此在老果园发病较重。此外，在育苗期间进行切根和开沟施肥时，都会导致根部受伤，给病菌创造更有利侵入的机会，有利于发病。干旱缺肥，土壤瘠薄，通气透水性差也有利于发病。

3. 防治方法

(1) 铲除侵染源，切断传播途径。 及时发现刨掉病树，并掘除病残根和可能的病残体，全部收集、烧毁，并对发病处进行土壤消毒，可用 1%～2%硫酸铜溶液浇灌病穴土壤或撒施生石灰消毒。

(2) 药剂灌根。 病害发生量大的果园，则建议改种其他对该病不敏感的作物。也可采用药剂灌根治疗，但代价很高。可于每年早春和夏末分别用药剂灌根 1 次。灌根时，可以树干为中心，四周开挖 3～5 条宽 30～50 厘米、深 40～60 厘米、远至树冠外围的沟。药剂可选用 50%代森铵水剂 500 倍液、70%甲基硫菌灵可湿性粉剂 1 000 倍液，每株灌药液量视树冠大小而定，可灌 50～75 千克。

四、细菌病害

(一) 李根瘤病

李根瘤病（plum crown gall）病原为根瘤菌科根癌土壤杆菌属

的根癌土壤杆菌 ［*Agrobacterium tumefaciens*（Smith et Townsend）Conn］。菌体杆状，大小为（0.4～0.8）微米×（1.0～3.0）微米，具1～4根周生边毛，有荚膜，无芽孢；在肉汁琼脂培养基上菌落白色、圆形、透明、稍突起；革兰氏染色反应呈阴性、好气，是一种土壤习居菌。

1. **危害症状**　根瘤病又称冠瘿病、根癌病，是一种世界性病害，主要危害幼树，染病后树体生长衰弱，枝条枯萎，甚至整株枯死。也可危害大树，削弱树势，常导致李树死亡。根瘤病菌寄主范围很广，至少可以侵染93科331个属643个种，危害多种果树、林木和花卉，尤以杨柳科和蔷薇科为主。

2. **发生规律**　发病部位主要在根颈处、嫁接口附近，侧根和毛细根也能受害。植株受害后，在根部形成肿瘤，导致树体生长缓慢，发育受阻，树势衰弱，甚至死亡。地上部表现为植株生长缓慢，叶片小而窄、卷缩，叶色发黄，花芽不饱满。根部表现为根系发育不良，产生新根少，主根及侧根都不同程度地产生球形或扁球形、表面粗糙不平的癌瘤，并且其上有坏死斑。发病初期癌瘤较小，随着病情加重逐渐变大，而且数量增加，发生严重时，整株植株死亡（图7，彩图16）。

图7　根癌病引起的根瘤（Ritchie et al.，2008）

根癌土壤杆菌在培养基上生长温度范围为 10～34 ℃，最适温度为 25～30 ℃，致死温度为 51 ℃，最适 pH 为 7.3。病害的发生与土壤酸碱度、温度、湿度密切相关，侵染发病随土壤湿度增高而增加。22 ℃左右的土壤温度和 60%以上的土壤相对湿度最适合病菌的侵入和瘤的形成，一般感染 2～4 周就可以产生可见肿瘤，如环境条件不适宜，肿瘤形成则需 1 年左右时间。土壤温度超过 30 ℃时不形成癌瘤，因此该病在温带比热带更常见。病菌在土壤 pH 为 6.2～8.0 的范围内均能致病，但中性至碱性土壤更有利其致病，当土壤 pH≤5 时，即使病菌存在也不发生侵染。土壤黏重、排水不良的地块发病重。线虫、地下害虫等造成的根部创伤有利于病菌的侵入，伤口与土壤接触时间越长，染病机会越多，发病率越高（刘露，2014）。

病菌能在病株未被清理的部分以及癌瘤组织皮层中借助土壤的保护抵抗严寒，从而存活较长时间。传播距离随方式而定，一般远距离主要通过带菌苗木、接穗等方式进行传播，近距离主要是通过雨水或灌溉水进行传播。

病菌在癌瘤破裂脱落后，仍可附着在其组织上，再借助土壤存活超过 1 年，在合适的时机通过雨水传播，因此，极易在嫁接、害虫危害以及耕作时，随伤口入侵，这些病菌一旦入侵，便让其周遭细胞迅速分裂，形成癌瘤。

3. 防治方法

（1）**加强检疫。**对于未发生病害的地区要加强检疫，防止患病苗木调入。

（2）**培育无病苗。**选择无病菌污染的地块作苗圃。进行土壤消毒后再育苗，可选择每亩施用硫黄粉、硫酸亚铁或漂白粉 5～15 千克，或 1%～2%硫酸铜或波尔多液 3 升左右。可用 5%次氯酸钠处理李的实生砧木种子 5 分钟，消灭附着的细菌，对砧木种子进行消毒。

（3）**苗木消毒。**用 1%～2%硫酸铜浸泡根部 5 分钟，或用 0.3%～0.4%硫酸铜浸根 1 小时，用清水冲洗后再栽植；或移栽前用 K84 进行根部处理，可减少根瘤病的发生。

（4）消除病瘤。用刀切除病瘤，用石灰乳或波尔多液涂抹伤口，或用甲冰碘液（甲醇 50 份、冰醋酸 25 份、碘片 12 份）或二硝基邻甲酚钠 20 份与木醇 80 份混合涂瘤，可使病瘤消除。或用80％二硝基邻甲酚钠盐 100 倍液涂抹李根颈部的瘤，可防止其扩大。也可用细菌素（含有二甲苯酚和甲酚的碳氢化合物）处理，处理后 3～4 个月内瘤枯死。勿用细菌素处理苗木，以防药害。

（二）李细菌性穿孔病

李细菌性穿孔病（plum black spot or bacterial leaf spot）又称李黑斑病、细菌性溃疡病，分布于我国各个李产区，是李常见病害之一，主要危害桃、李、杏等核果类果树。病原为樱类黑斑病菌[*Xanthomonas pruni*（Smith）Dowson]和丁香假单胞菌丁香致病变种（*Pseudomonas syringae* pv. *syringae* van Hall.）。

1. 危害症状　李细菌性穿孔病主要危害叶片，也侵染果实和新梢。叶片发病初期在叶脉两侧产生黄白色至白色的水渍状圆形小斑点，直径 0.5 毫米左右，散生于叶面，逐渐扩大成 2～3 毫米褐色或紫褐色近圆形或多角形病斑，周围有黄绿色晕环，潮湿时背面溢出黄白色胶状菌液；后期病斑脱落，部分与叶片相连，形成穿孔，穿孔边缘破碎不整齐（彩图 17）。果实受害，幼果即表现症状，形成稍凹陷、深褐色不规则病斑，病斑边缘水渍状，直径为 1～2 毫米，常发生龟裂，湿度大时会出现菌脓。枝条受害后，产生春季溃疡和夏季溃疡两种不同病斑。春季在 1 年生枝上形成暗褐色水渍状小疱疹，后期病斑直径扩大到约 2 毫米，一般不超过枝条直径的一半，而长度扩展可达 1～10 厘米，在春末（开花前后）病斑表皮破裂，病菌渗出黄色菌液；夏末，溃疡发生在当年抽生的新梢上，以皮孔为中心形成水渍状圆形或椭圆形褐色至黑褐色病斑，稍凹陷，边缘呈水渍状，潮湿时溢出黄白色的菌液。

2. 发生规律　病菌在病枝条溃疡组织内越冬，可存活 1 年以上。春季病组织中溢出菌液，借风雨和昆虫传播，经叶片气孔、枝条芽痕、果实皮孔等侵入寄主。潜育期因气温高低不同，当温度为16～30 ℃时，4～16 天形成春季溃疡病斑，从病斑处溢出菌液后不断进行再侵染。

空气相对湿度达到 70%～90%，气温 19～28 ℃，雨水偏多、湿度较大的天气此病发生严重。一般于 5 月开始发病，夏季干旱时病势进展缓慢，秋季多雨时又发生侵染。树势强时延缓发病，可延迟形成溃疡长达 40 天，因此，生长势强的树比弱的树发病轻且晚。果园地势低洼、排水不良、通风透光差、偏施氮肥等发病重。

3. 防治方法

(1) 加强果园管理。结合冬季修剪，彻底清扫发病枝叶、果实等，集中深埋或烧毁，消灭越冬菌源。合理施肥，增施有机肥，增强果树抗病性。合理修剪，使果园通风透光良好，并及时排除积水，降低果园湿度。

(2) 化学防治。萌芽前喷 3～5 波美度石硫合剂或 45%晶体石硫合剂 30 倍液或 1.8%辛菌胺醋酸盐水剂 400～500 倍液消除越冬菌源。落花后 20 天开始施药，间隔 15 天左右喷 1 次，可选用 4%春雷霉素水剂 500～800 倍液、5%中生菌素可湿性粉剂 1 200～1 500倍液、12%松脂酸铜悬浮剂 300～500 倍液、30%噻唑锌悬浮剂 500～1 000 倍液、40%喹啉铜悬浮剂 500～1 000 倍液、5%大蒜素微乳剂 500～1 000 倍液、40%春雷·喹啉铜悬浮剂 500～1 000倍液、2%春雷霉素·四霉素可溶液剂 300～500 倍液、40%戊唑·噻唑锌悬浮剂 800～1 200 倍液、50%肟菌·喹啉铜水分散粒剂2 500～3 000 倍液、36%喹啉·戊唑醇悬浮剂 1 000～1 500 倍液。

五、病毒和类病毒

(一) 李属坏死环斑病毒病

李属坏死环斑病毒病（*Prunus necrotic ringspot virus*，PNRSV）属雀麦花叶病毒科等轴不稳环斑病毒属（*Ilarvirus*），为等轴对称三分体球形病毒颗粒，直径 22～23 纳米，无包膜，有 4

个 RNA 组分，核酸分子为线形正义单链核糖核苷酸（ssRNA），核酸质量约占病毒粒子质量的 14%。致死温度（TIP）为 55～62℃，体外存活期（LIV）为 9～18 小时（洪健等，2001）。

李属坏死环斑病毒是一种在世界范围内广泛发生的病毒病原物，能够侵染危害多种核果类果树，如桃、李、杏、樱桃等，被列为《中华人民共和国进境植物检疫危险性病、虫、杂草名录》中的二类危险性有害生物。PNRSV 能够侵染 47 个属的 189 种植物。目前，已在我国局部地区发现该病毒，包括陕西、辽宁和山东。

1. 危害症状 PNRSV 诱导的症状表型通常与病毒株系、寄主品种和树龄及环境条件（温度、光照和湿度）相关。果树感染 PNRSV 后症状差异较大，有些呈潜隐状态存在，不表现明显症状；有的在初春部分枝条或整株生病，典型症状是新叶上出现坏死环斑或黄条斑，坏死斑中心脱落，出现孔洞，重者只剩下花叶状叶架；有的株系会产生橡叶纹、叶背面耳突、黄花叶症。感病植株花期推迟，花梗变短，花瓣出现条斑，显症病树翌年病状一般不再在同一枝条上发生，有的也带毒显症。症状程度从叶的黄化和变形到生长受阻，枝条和树干流胶和顶梢枯死。

2. 发生规律 PNRSV 主要是通过带毒的繁殖材料（如种子和花粉）进行传播，无性繁殖材料的调运是 PNRSV 一个重要传播途径。PNRSV 的传播效率因寄主或品种不同而差异很大，其中樱桃为 55%、酸樱桃为 30%、马哈里酸樱桃为 10%～70%、桃为 3.6%、樱桃李为 0%～4%（Nyland et al.，1976）。PNRSV 通过花粉进行传毒的效率高达 77%。Traylor 等（1963）和 Williams 等（1970）分别发现 PNRSV 在杏、李和扁桃上通过种子进行传播。花粉内部和表面均可带毒，表面带毒使病毒在株间传染，内部带毒则导致种子传播，蜜蜂作为花粉传播介体也可间接传播，迄今为止尚未发现直接传播的昆虫介体（崔红光，2013）。

3. 防治方法

（1）加强植物检疫。加强检疫，禁止从疫区引种。

（2）培育无毒苗木，选用无毒接穗。由于 PNRSV 自然传播率低，PNRSV及其他等轴不稳环斑病毒属病毒引起的李病害最重要的防控方法是使用无毒植株。有报道采用热处理（38 ℃温度下处理24～32天）和茎尖脱毒处理可以有效脱除该病毒，因此，对于无健康接穗品种的可以采用脱毒处理获得健康的接穗（Manganaris et al.，2003）。一些专门培育繁殖材料的苗圃与商业化果园隔开，从而阻止染毒花粉的适时传播。田间发现发病植株要迅速清除和销毁。

（二）李矮缩病毒病

李矮缩病毒（*Prune dwarf virus*，PDV）属雀麦花叶病毒科（*Bromoviridae*）等轴不稳环斑病毒属（*Ilarvirus*）（王文文等，2012），是一种较重要的核果类果树病毒，由 Thomas 和 Hildebrand（1936）在美国首次报道，之后在全世界普遍发生，主要分布于欧洲、南美洲、北美洲、日本、澳大利亚和新西兰等温带李属果树栽培地区。我国北京、陕西等地区检测到桃、樱桃中携带PDV，候义龙等在北京、大连地区露地栽培的桃、樱桃及组培苗中也检测到PDV（陈立伟等，2012）。

1. **危害症状**　PDV可以造成核果类果树叶片褪绿、扭曲、坏死，植株矮缩、流胶等。具体可表现新梢节间变短，叶片密集，叶片变小，叶色变淡，叶缘上卷；花梗变短，花朵密集；有时果实畸形，产量降低。危害症状以春、夏两季节最明显。此外，与PNRSV不同的是，在较低的温度条件下该病症状更明显，而且PDV的危害症状随寄主的种类、病毒株系以及温度状况等不同表现出很大的差异（阙勇，2008）。PDV和PNRSV一样，寄主范围也很广泛。该病毒的天然寄主包括桃、李、杏、樱桃等核果类果树，它可以侵染122种李属植物。

2. **发生规律**　PDV主要通过切接、芽接等嫁接方式传播，在李、杏、樱桃等核果类果树上可由种子传播。PDV也可以寄生在寄主嫩叶的叶脉、花蕾、叶肉以及花粉颗粒中的成熟细胞中，因此，PDV可以通过花粉和种子传毒。George 和 Davidson（1964）

就报道了 PDV 在樱桃上可经花粉传播。此外，有研究表明，PDV
在核果类果树果园中第 2～4 年传播扩散较慢，第 5～15 年传播加
快，几乎所有的植株均可以感染病毒。

3. **防治方法** PDV 的防治措施和 PNRSV 基本相同。使用无
病毒的繁殖材料是最重要的防治措施。核果类果树枝梢经过 38 ℃，
热处理 24～32 天，可脱除病毒，用以嫁接到健康的根砧上。由于
无性繁殖材料的调运是当今病毒的一个重要传播途径，因此建立健
全相关的检疫制度，严格实行检疫是防治的重要措施。另外，幼树
开花前要仔细检查，发现具有典型症状的植株，要在开花前移除，
以防花粉传毒。繁殖种子和接穗时，要严格保持间隔距离，繁殖接
穗的树上，要疏除花朵，以防感染。在中心母本园，剪除带毒花芽
至关重要（阚勇，2008）。

（三）李痘病毒病

李痘病毒（*Plum pox virus*，PPV）又称 Sharka 或 Sarka 病
毒，引起的病毒病是核果类果树最具毁灭性的病害之一。李痘病毒
为马铃薯 Y 病毒科马铃薯 Y 病毒组成员，在核果类果树上引起巨
大的损失。该病毒 1915 年在保加利亚首次被发现，目前已在 56 个
国家和地区有发生和报道（王浩等，2020）。我国在 2007 年 5 月发
布的《中华人民共和国进境植物检疫性有害生物名录》中将其列为
检疫性有害生物。世界各国都针对李痘病毒开展了风险分析评估工
作，制订相应的检疫措施，严防该病毒传入（郑耘等，2009）。

1. **危害症状** 李痘病毒的侵染可以发生在寄主植物的花期、
果期及营养生长期，且叶片、花瓣、枝条、树皮、果实及果核均可
表现症状。感病的李常在叶片和果树上出现典型的痘疱症状，还会
出现果实畸形、果肉褐变或黑化、未熟先落等。杏和欧洲李果实的
畸形症状与苹果褪绿叶斑病毒（*Apple chlorotic leaf spot virus*，
ACLSV）引起的症状极为相似。通常 PPV 的危害症状与发生地
点、发病季节以及李属植物的种、品种和侵染的植物组织（叶片或
果实）等密切相关。

2. **发生规律** PPV 可通过汁液传播，但通过剪枝和嫁接工具传播的较少，在田间主要通过一些蚜虫进行非持久性传毒。目前已知的能传播李痘病毒的蚜虫共计 14 种，包括苜蓿蚜（*Aphis craccivora*）、桃蚜（*Myzus persicae*）、桃卷叶蚜（*M. varians*）、忽布疣蚜（*Phorodon humuli*）等（王浩等，2020）。蚜虫能传播全部病毒株系，但传毒效率因株系而有差异。例如对坏死和中间株系传毒效率为 24.5%，而对黄化株系传毒效率只有 8%。一些病毒株系能够通过种子和花粉传播，如 M 株系可以经种子传播。

PPV 在温带至中温带的气候条件下（最冷月平均温度 0～18 ℃，最热月平均温度 10 ℃以上）较易发生，对终年潮湿的暖温带气候（温暖季平均温度 10 ℃以上，寒冷季平均温度 0 ℃以上）也能忍受。PPV 温度适应范围较广，最热月平均最高气温 30～40 ℃、最冷月平均最低气温-25～0 ℃均适合其发生。降水量对该病毒的影响较弱，干旱季节（月降水量 40 毫米以下）持续时间 1～2 个月、年平均降水量 0～900 毫米，对该病毒发生均无明显不利影响（王浩等，2020）。

3. **防治方法**

（1）加强检疫和监测。PPV 很难进行控制，目前对已感染的树木或果园还没有有效的控制和防治方法，因此，必须加强检疫，禁止从疫区引种，一旦传入，必须采取严格的清除措施。此外，还要采用有效的检测技术，对苗木的引进、推广和繁殖加强监测。常用的诊断寄主有菊叶香藜和 GF305 桃实生苗，前者在接种该病毒6～8 天后叶片出现黄色斑点或枯斑，后者在数周后叶片表现叶脉褪绿和扭曲症状；假酸浆（*Nicandra physalodes*）、田野毛茛（*Ranunculus arvensis*）、郁李（*Prunus japonica*）、海滨李（*Prunus maritima*）等植物也可作为诊断寄主，接种病毒后会表现出褪绿斑、褪绿环或枯斑症状。

（2）培育无毒苗木，选用无毒接穗。使用无毒材料是对检疫和根除措施的补充。在合适的时间进行田间抽样调查，田间发现可疑病例要及时检测，发病植株要迅速移除和销毁，确保果园无毒源存在。

(3) 其他措施。 对于蚜虫传播病毒，传统防治理论都建议防治蚜虫以控制病毒传播。但也有研究认为使用杀蚜虫剂并不能有效保护果树不受 PPV 危害，因为蚜虫传播马铃薯 Y 属病毒是非持久性传播，带毒蚜虫可以在很短的时间被传到寄主植物上，且很大部分的介体蚜虫种群不是直接在果树作物上繁殖和发展，因此杀蚜虫对 PPV 的防治没有直接的影响（Cambra et al.，2008）。

六、线虫病害

根结线虫

根结线虫病（root‐knot nematodes）由侧尾腺口纲垫刃目根结线虫属（*Meloidogyne*）的一些种引起。最常见的根结线虫有南方根结线虫（*M. incognita*）、花生根结线虫（*M. arenaria*）和爪哇根结线虫（*M. javanica*）。所有这些种类的线虫都是杂食性的，进行孤雌生殖，寄主范围很广。北方根结线虫（*M. hapla*）几乎不在李属植物上寄生。根结线虫成虫雌雄异型，雌成虫梨形，大小为 0.8 毫米×0.5 毫米，具特征性的会阴花纹，其会阴花纹是鉴定种的重要依据。

根结线虫在全世界范围的李产区都有分布，且寄主范围广，各种作物（1 年生或者多年生）到杂草都有其寄主，在各种宿主植物中的生活周期各有不同。连作会增加感病农作物的根结线虫病害，而木本植物则会持续受到根结线虫侵染，危害逐年加重（朱翔，2018）。

1. **危害症状** 根结线虫寄生于李根部，形成瘤状物即根瘤（虫瘿），根瘤开始为白色至黄白色，较小和松软，后期扩大后呈黄褐色，表面粗糙。根变短，侧根和须根减少，影响植株发育及营养吸收，严重时表现叶片黄化，整株树的新陈代谢能力减弱，早期落叶，导致果树产量下降，并常伴随冠瘿病的出现（图 8）。

图 8 根结线虫引起的根部早期根瘤症状（左）和
后期根腐症状（右）（Nyczepir，Esmenjaud，2008）

2. 发生规律 根结线虫是典型的多食性线虫，在许多科的植物以及种子上都可以寄生生活，孤雌生殖。根结线虫在土壤和病残体越冬，卵可以在土壤中存活多年，传播主要依靠种苗、肥料、农具、水流携带及线虫本身的移动。

根结线虫作为一种营寄生生活的植物病原体，其寄生方式是固着式内寄生。雌虫将卵产在根表面胶状的卵块中，度过休眠期后，即可在适宜的温度、土壤水分和氧气含量等条件下孵化。孵化后的幼虫为具侵染能力的 2 龄幼虫，能以宿主根系的分泌物、CO_2 及热信号作为引导，移动至根尖部位。

植物寄生线虫大部分生活在土壤耕作层，影响其生长和繁殖的最重要因素是土壤温度、湿度。最适于线虫发育和卵孵化的温度为 20~30 ℃，最高温度为 40~55 ℃，最低温度为 10~15 ℃（朱天辉，2003）。南方根结线虫、花生根结线虫和爪哇根结线虫的最适生存温度为 25~30 ℃，高于 40 ℃ 或低于 5 ℃时，都会缩短其活动时间或失去侵染能力（Sasser et al.，1987）。当土壤干燥时，卵和幼虫即死亡；当土壤中有足够的水分并在土壤颗粒上形成水膜时，卵可迅速孵化。

3. 防治方法

(1) 加强检疫和检测。根结线虫一旦传入果园，彻底清除很困难，应加强检疫，禁止从病区调运苗木。

(2) 物理防治。主要有高温、水淹和冰冻等方法。北方温室大棚可在夏季收获后开挖 30 厘米的土壤做垄并铺透明薄膜，封闭棚室并使棚内温度达到 60 ℃以上，持续 1 周后将垄沟翻倒再覆膜升温持续 1 周，能有效提高深层土壤温度，杀灭根结线虫。水淹法是根据根结线虫卵孵化以及幼虫生活需要定量空气的原理使用的，于农闲时灌水保持 10～15 厘米深，持续两个月使根结线虫幼虫和卵块窒息死亡，此法适用灌溉条件良好的地区。土壤的冰冻处理适用于北方温室，方法是在冬季低温时将温室打开通风，将不耐低温的根结线虫（例如南方根结线虫）幼虫和虫卵冻死，但此方法延误冬季大棚生产且费时费力，使用较少（朱翔，2018）。

(3) 土壤消毒。播种前 2～3 周，每亩用 98％的棉隆微粒剂 10～15 千克，或 10％噻唑膦颗粒剂 1.5～2.0 千克等杀线虫剂，沟施或穴施，深度 16～20 厘米，沟距 20 厘米左右，熏蒸 15 天左右即可播种或定植。也可用 50％辛硫磷乳油 600～1 000 倍液、90％敌百虫晶体 800 倍液灌根，每株 25～500 毫升，7 天灌 1 次，连灌 2～3 次，效果较好。

(4) 生物防治。可施用 5％淡紫拟青霉，穴施或沟施于李周围，每亩 1.5～2.0 千克；或用 1.8％阿维菌素乳油 3 000～4 000 倍液喷施，每亩 3～4 千克，喷后深翻土壤；或用 1.8％阿维菌素乳油 3 000 倍液灌根，每穴 150～250 毫升，10～15 天灌 1 次，连续灌 2～3 次。种植捕捉和拮抗植物也有一定的防效，捕捉植物可将根结线虫诱集到根部，一段时间后拔除捕捉植物即可减少虫源，起到减轻危害的作用，捕捉植物有白菜、菠菜、芫荽等，拮抗植物有万寿菊、烟草、猪屎豆、大蒜、大葱、韭菜、辣椒等。

七、螨类害虫

(一) 山楂叶螨

1. **形态特征**　山楂叶螨 (hawthorn spider mite) （彩图18），又称山楂红蜘蛛、樱桃红蜘蛛，属蜱螨目（Acariformes）叶螨科（Tetranychida）。山楂叶螨的生活史分为卵、幼螨、若螨以及成螨4个时期，其各个时期的形态特征如下：卵圆球形，春季产卵呈橙黄色，夏季产卵呈黄白色。幼螨初孵时为圆形，黄白色，取食后呈浅绿色，足3对。若螨有足4对，前期背部出现刚毛，两侧出现明显的墨绿色斑纹，后期若螨体型变大，形似成螨。雌成螨椭圆形，长约0.5毫米，宽约0.3毫米，深红色，体背稍隆起，后部有横向的表皮纹，刚毛较长，基部无瘤状突起，足4对，淡黄色，冬型雌成螨鲜红色，夏型雌成螨初期为红色，后逐渐变为深红色；雄成螨椭圆形，长约0.4毫米，宽约0.3毫米，末端尖削，初期浅黄绿色，后期浅绿色，体背两侧各有1个大黑斑。

2. **发生规律及危害**　山楂叶螨1年发生6～10代，以受精雌成螨在李枝干的翘皮、裂缝，根颈周围土缝，落叶及杂草中越冬。李萌芽期，越冬雌成螨开始出蛰，爬到花芽上取食危害，有时1个花芽上有多头成螨危害。落花后，成螨在叶片背面危害，此代发生期比较整齐。成螨在叶片上产卵，完成后继世代，世代重叠。6—7月的高温干旱季节适宜叶螨发生，为全年危害高峰期。8月以后，湿度增大，加上成螨天敌的影响，成螨数量有所下降，危害随之减轻。8月下旬至9月上旬，逐渐转为越冬型雌成螨。10月，害螨几乎全部进入越冬场所越冬。李叶片较薄，叶螨危害后很容易造成落叶。成虫和若虫性情不活泼，早春多集中在李的内膛枝上，后期逐渐向树冠外围扩散，成群聚集在叶背危害，并吐丝拉网。害螨可孤雌生殖，虫卵多产在叶背主脉两侧及丝网上。天敌有食螨瓢虫类、花蝽类、蓟马类、草蛉和捕食螨类等几十种。

山楂叶螨在国内东北、华北、西北、青藏高原和长江中下游果区普遍发生，在国外主要分布于伊朗、土耳其、日本、朝鲜、俄罗斯、保加利亚、德国、葡萄牙、澳大利亚等亚洲、欧洲、大洋洲国家，属于世界性分布的重要害螨之一。

山楂叶螨以幼螨、若螨和成螨危害叶片，常群集在叶片背面的叶脉两侧拉丝结网，并在网下刺吸叶片的汁液。受害叶片出现失绿小斑点，渐扩大连片，变成黄褐色或红褐色，严重时叶片枯焦并早期脱落。

3. 防治方法

(1) 加强果园管理。加强栽培管理，增施有机肥，避免偏施氮肥，提高李的耐害性。冬季修剪时，刮除树干上的老翘皮，消灭在此处越冬的雌成螨。

(2) 生物防治。保护自然天敌种群，尽量少使用广谱性的农药，当天敌种群与山楂叶螨的比例在1∶30时不用药，采取涂干法进行防治（古海尔古丽·热合曼，2016）。在有条件的地方，可释放捕食螨。

(3) 化学防治。防治关键时期在李萌芽期和第一代若螨发生期，药剂可选用43%联苯肼酯悬浮剂1 800～2 400倍液，20%唑螨酯悬浮剂7～10毫升/亩，30%乙螨唑悬浮剂6 000～8 000倍液、1.8%阿维乳油1 000～2 500倍液、30%乙唑螨腈悬浮剂3 000～6 000倍液、30%腈吡螨酯悬浮剂2 000～3 000倍液、30%螺虫·唑螨酯悬浮剂4 000～5 000倍液、36%联肼·螺虫酯悬浮剂2 500～3 000倍液、40%丁醚·哒螨灵悬浮剂1 500～2 000倍液等药剂进行喷雾。喷药要均匀周到，以叶片背面为主。

(二) 二斑叶螨

1. 形态特征　二斑叶螨（two - spotted spider mite），俗称白蜘蛛、二点叶螨，属叶螨科（Tetranychidae）叶螨属（*Tetranychus*）。卵圆形，透明，直径为0.12～0.14毫米，初期乳白色，后淡黄色，随着胚胎发育，颜色加深，孵化前透过卵壳可见到两个红色眼点。幼螨体半球形，长0.15～0.21毫米、宽0.12～0.15毫米，体形淡黄或黄绿色，足3对，背毛数同雌螨，腹毛7对，基节毛、前基间毛和中基间毛各1对，肛毛和肛后毛各2对。若螨体椭圆形，足4对，行动敏捷；有前若螨和后若螨两个虫期，前若螨体长0.21～0.29毫米、宽0.15～0.19毫米，后若螨体长0.34～0.36毫米、宽0.21～0.23毫米。雌成螨体椭圆形，长0.42～0.51毫米、宽0.28～0.32毫米，非滞育型体绿色或黄绿色，背面两侧有暗色斑，滞育型体背两侧的暗色斑逐步消失，体色为橙黄或橘红色；雄成螨比雌成螨小，体长0.26～0.40毫米、宽0.14～0.19毫米，体末略尖，呈菱形，体色为黄绿或橙黄色。

2. 发生规律及危害　二斑叶螨（图9）在国外分布于美国北部、英国、地中海沿岸、南非、澳大利亚、摩洛哥、俄罗斯、新西兰和日本等100多个国家和地区，国内主要分布于山东、甘肃、河北等地。危害50多个科的833种植物，主要危害棉花、苹果、桃、杏、柑橘、木薯和花卉等作物，是一种十分重要的害螨。

二斑叶螨1年发生10余代，以雌成螨在树干翘皮、缝隙、杂草、落叶中越冬。翌年平均气温上升到10℃时，越冬雌成螨开始出蛰，先在花芽上取食危害，成熟后于叶片背

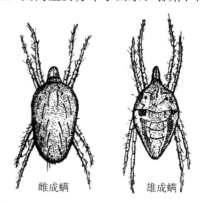

雌成螨　　　　雄成螨

图9　二斑叶螨

面开始产卵繁殖，幼螨孵化后即可刺吸叶片汁液。6月前，害螨在树冠内膛危害和繁殖，在树下越冬的雌成螨出蛰后先在杂草或李根蘗上危害繁殖，6月后，逐渐向树上转移。到7月，害螨向树冠外围扩散，繁殖速度变快，在螨口密度大时，成螨可大量吐丝，并借此进行传播。害螨在夏季高温季节繁殖速度快，经常会出现世代重叠现象，故在夏季能看到各个虫态。8月下旬，害螨的天敌增多，对其发生有一定影响。10月，雌成螨开始越冬。

二斑叶螨以成螨和若螨危害叶片，初期被害叶片在中脉附近出现失绿斑点，后逐渐扩大，出现大面积的失绿斑，虫口密度大时，叶螨吐丝拉网，并产卵于丝网，受害严重的叶片枯黄，提前脱落。

3. 防治方法

(1) 清理果园。及时清除李园杂草，并将锄下的杂草深埋或带出果园，消灭杂草上的害螨。

(2) 生物防治。①以虫治螨。二斑叶螨的天敌有 30 多种，如食螨瓢虫、草蛉、塔六点蓟马等。②以螨治螨。保护与利用与二斑叶螨出蛰时间相近的捕食螨，如小枕异绒螨、拟长毛钝绥螨、东方钝绥螨等。③以菌治螨。藻菌、白僵菌对二斑叶螨的致死率可达80％以上，与农药混配能显著提高杀螨率。同时要注意避开天敌的盛发期用药，尽量避免使用广谱性的杀虫剂，使用对天敌比较安全的农药（王春华，2012）。

(3) 化学防治。在害螨发生期，可选用20％唑螨酯悬浮剂 7～10 毫升/亩、30％乙螨唑悬浮剂 14 000～18 000 倍液、10％阿维菌素悬浮剂 8 000～10 000 倍液、30％腈吡螨酯悬浮剂 2 000～3 000倍液、0.5％苦参碱水剂 300～800 倍液、30％螺虫·唑螨酯悬浮剂4 000～5 000 倍液、36％联肼·螺虫酯悬浮剂 2 500～3 000 倍液、1.8％阿维·甲氰乳油 50～1 500 倍液、10％阿维·四螨嗪悬浮剂1 500～2 000 倍液、30％乙螨·三唑锡悬浮剂 6 000～10 000 倍液、40％联肼·乙螨唑悬浮剂 10 000～12 000 倍液、10％苯丁·哒螨灵1 500～2 000 倍液、10％四螨·哒螨灵悬浮剂 1 000～1 500 倍液喷雾防治，喷药要均匀周到，以叶片背面为主。

八、蚜虫类害虫

桃蚜

1. 形态特征　桃蚜（green peach aphid），又称桃赤蚜、烟蚜、腻虫等，属同翅目（Homoptera）蚜科（Aphididae）。无翅胎生雌蚜体长约2.2毫米、宽0.94毫米，卵圆形，体色为淡黄绿色、乳白色，有时赭红色，腹管长筒形。有翅胎生雌蚜体长 2.2 毫米、宽 0.94 毫米，头、胸黑色，腹部有黑褐色斑纹，翅无色透明，翅痣灰黄或青黄色。无翅有性雌蚜体长 1.5～2.0 毫米，赤褐色，头部额瘤向外方倾斜。有翅雄蚜体长 1.3～1.9 毫米，与有翅胎生雌蚜相似，但体型较小，体色深绿、灰黄、暗红或红褐，头胸部黑色，腹背黑斑较大。卵椭圆形，长 0.44 毫米，初为淡黄色，后变成漆黑色且有光泽。

2. **发生规律及危害**　桃蚜 1 年发生 10～20 余代，以卵在果树树皮、芽腋、裂缝、小枝杈等处越冬。翌年李发芽时，越冬卵开始孵化，群集在芽上危害和繁殖。5 月开始繁殖最盛，危害加重，开始产生有翅胎生雌蚜，迁飞到其他寄主进行危害，秋末冬初有翅蚜飞回李树，产生有性蚜，交配后产卵越冬。有翅蚜对黄色、橙色有强烈的趋性，而对银灰色有负趋性。桃蚜天敌有瓢虫、食蚜蝇、草蛉等。桃蚜寄主范围很广，可以在 50 多个科 400 多种植物上取食，可传播 115 种植物病毒（占整个蚜虫传播植物病毒的 67.7%），国内的寄主植物有 170 种以上，主要有油菜等十字花科植物，桃、李等蔷薇科果树，烟草、马铃薯等茄科作物。桃蚜在寄主植物上营转主寄生生活，其冬寄主（原生寄主）植物主要有梨、桃、李、梅、樱桃等蔷薇科果树等，夏寄主（次生寄主）植物主要有白菜、甘蓝、萝卜、芥菜、芸薹、芜菁、甜椒、辣椒、菠菜等多种作物。桃蚜在朝鲜、日本、印度尼西亚、印度以及北美洲、欧洲、非洲等地均有发生，是世界上分布最广的蚜虫之一。

桃蚜以成蚜和若蚜群集在芽、叶、嫩梢上吸取汁液，被害叶片向背面不规则卷曲皱缩，叶色变黄干枯，分泌的蜜露易诱发煤烟病（彩图 19）。

3. **防治方法**

（1）**物理防治**。用黄板诱杀有翅蚜，或用银灰膜驱蚜。

（2）**生物防治**。保护利用天敌是蚜虫防控的好方法，既经济又有效，应采取措施保护好李园的七星瓢虫、草蛉、食蚜蝇、蚜茧蜂等自然天敌。可实行人工生草，改善李园生态，为天敌提供活动和繁殖场所，要避免在天敌活动高峰期喷洒广谱性农药。

（3）化学防治。李发芽前，向树上喷洒敌死虫乳油或机油乳剂，杀灭越冬卵效果较好，而且对天敌安全。发芽至开花前，越冬卵大部分已经孵化，应及时喷药防治，可选用3％啶虫脒乳油2 500～3 000倍液、10％吡虫啉可湿性粉剂2 000倍液、5.7％甲维盐1 500～2 000倍液、50克/升双丙环虫酯可分散液剂600～700倍液、45％吡蚜·异丙威可湿性粉剂800～1 200倍液，20％甲氰菊酯水乳剂2 000～3 000倍液、17％氟吡呋喃酮可溶液剂750～1 000倍液，或1.8％阿维菌素乳油800～1 000倍液等。

九、蚧类害虫

（一）桑盾蚧

1. 形态特征　桑盾蚧（white peach scale），别称桑白蚧、桃介壳虫、桑介壳虫，属同翅目（Homoptera）盾蚧科（Diaspididae）。成虫雌雄异型。雌虫无翅，体长0.9～1.2毫米，淡黄至橙黄色，介壳灰白至黄褐色，近圆形，长2.0～2.5毫米，背面有螺旋形纹，中间略隆起，壳点黄褐色，偏向一方。雄虫有翅，体长0.6～0.7毫米，翅展宽1.8毫米左右，有前翅1对，卵圆形，灰白色，后翅退化为平衡棒，身体橙黄至橘红色，触角念珠状。雄虫介壳细长，长1.2～1.5毫米，白色，背面有3条纵脊。卵为椭圆形，长0.25～0.30毫米，初粉红色，后渐变为黄褐色，孵化前橘红色。若虫初淡黄色，扁椭圆形，长0.3毫米左右，眼、触角及足俱全，腹部末端有2根尾毛，分泌绵毛状蜡丝覆盖身体。仅雄虫有蛹，橙黄色，长椭圆形。

2. 发生规律及危害　桑盾蚧1年发生3～5代，以受精的雌成虫在多年生枝条上群集越冬。翌年春季越冬成虫开始吸食汁液，虫体膨大，随之产卵、孵化，一般4月上旬产卵结束，若虫3月下旬出现，4月上旬至中旬若虫盛发高峰，4月中旬结束，4月下旬可见成虫，越冬代雌成虫产卵最多。初孵若虫分散爬行到2～5年生枝条上取食，以分杈处和阴面较多，7～10天后便固定在枝条上，分泌绵毛状蜡丝，渐形成介壳。4 代区，第一代雌成虫于 5 月下旬中后期开始产卵，6 月中旬结束，6 月上旬第二代若虫盛发高峰期，6 月下旬进入成虫期。第一代雌成虫平均每头产卵不到越冬雌成虫产卵量的一半。第二代雌成虫于 7 月下旬初开始产卵，7 月下旬始见若虫，8 月上旬至中旬为若虫高峰期，8 月下旬进入成虫期。由于世代重叠，成虫期较长，可延续到 8 月中下旬。第三代雌成虫于 9 月下旬始见产卵，10 月下旬结束，9 月底始见若虫，10 月上中旬若虫高峰，10 月下旬陆续进入成虫期，以后交配越冬。天敌种类有软蚧蚜（*Coccophagus* sp.）、桑白盾蚧褐黄蚜小蜂（*Prospaltella beriosei* How）、红点唇瓢虫（*Chilocorus kuwanae* Silvestri）和日本方头甲（*Cybocephalus nipponicus* Endrody‐Younga）等。

桑盾蚧在我国的地域分布很广，从海南、台湾至辽宁，华南、华东、华中、西南多省均有发生，是南方桃、李的重要害虫。桑盾蚧以若虫和雌成虫刺吸枝干汁液，枝条被虫体覆盖呈灰白色，被害枝条生长不良，树势衰弱，严重者死亡（彩图 20）。虫口密度大时，还可危害果实，被害果商品价值降低。

3. 防治方法

（1）严格检疫。 加强苗木、接穗检疫，防止虫害蔓延。

（2）清理果园。 冬、春季，采用硬毛刷或钢丝刷，清除并杀死枝干上的虫体，消灭越冬雌虫。冬剪时剪除虫体较多的枝条，带出园外集中烧毁。

（3）生物防治。 桑盾蚧的主要天敌有红点唇瓢虫、黑缘红瓢虫、异色瓢虫、二星瓢虫、中华草蛉等，其中红点唇瓢虫对桑盾蚧的抑制效果最好。打药要尽量选用生物农药，减小对瓢虫、寄生蜂、草蛉等的杀伤，充分利用自然天敌的控制能力。

（4）化学防治。 李发芽前，用石硫合剂涂刷枝条或喷雾，再用 5％柴油乳剂，或 95％的矿物油 50～100 倍液喷雾，均能有效地消灭雌成虫。若虫分散转移形成介壳之前是化学防治的最佳时期，可使用 25％噻嗪酮可湿性粉剂 1 000～2 000 倍液、45％松脂酸钠可溶性粉剂 100～160 倍液、20％的甲氰菊酯乳油 1 500 倍液＋10％

吡虫啉可湿性粉剂 4 000 倍液；若虫分泌蜡质形成介壳之初，可选用 40％螺虫·毒死蜱悬浮剂 1 500～2 000 倍液、50％氯氟·毒死蜱乳油 5 000～6 000 倍液、40％啶虫·毒死蜱乳油 750～1 000 倍液等进行防治。

（二）朝鲜球坚蚧

1. **形态特征** 朝鲜球坚蚧（korean lecanium），又称朝鲜球坚蜡蚧、桃球坚蚧、杏球坚蚧、朝鲜毛球蚧，属同翅目（Homoptera）蚧科（Coccidae）。雌成虫无翅，介壳半球形，长约 4.5 毫米、宽约 3.8 毫米、高约 3.5 毫米，前、侧面上部凹入，后面近垂直。初期介壳软，呈黄褐色；后期硬化，呈红褐至黑褐色，表面有明显皱纹和极薄的蜡粉，背中线两侧各具 1 纵列不规则的小凹点，壳边平削，与枝接触处有白蜡粉。雄成虫有 1 对透明翅，体长 1.5～2.0 毫米、宽约 5.5 毫米，头胸赤褐色，腹部淡黄褐色，末端有 1 对尾毛和 1 根性刺，触角 10 节；前翅发达，白色半透明，后翅特化为平衡棒。卵长约 0.3 毫米、宽约 0.2 毫米，椭圆形，附有白蜡粉，初白色，后渐变粉红色，孵化时现红色眼点。若虫长椭圆形，初孵时长约 0.5 毫米，扁平，淡褐色至粉红色，被白粉；触角 6 节，丝状，眼红色；足发达，腹部背面可见 10 节，腹面 13 节，腹末有 2 个小突起，各生 1 根长毛，固着后体侧分泌出白蜡丝覆盖于体背，不易见到虫体。越冬后雌雄分化，雌体卵圆形，背面隆起，呈半球形，淡黄褐色，有数条紫黑横纹；雄体瘦小，椭圆形，背稍隆起。仅雄有蛹，长约 1.8 毫米，赤褐色，腹部末端有黄褐色刺突。茧椭圆形，灰白色，半透明，扁平，有 2 条纵沟及数条横脊，末端有 1 横缝。

2. **发生规律及危害** 朝鲜球坚蚧 1 年发生 1 代，以 2 龄若虫在枝条裂缝和芽越冬，外覆蜡被。春季从蜡被脱出另找固定点，开始雌雄分化。雄若虫 4 月分泌蜡茧，中旬开始羽化交配，交配后雌虫迅速膨大，5 月中旬产卵，每雌一般产卵千余粒，卵期 7 天左右。5 月下旬至 6 月上旬为孵化盛期，初孵若虫分散至枝、叶背危害，落叶前转回枝上，以叶痕和缝隙处居多，此时若虫发育极慢，越冬前蜕 1 次皮。10 月后，以 2 龄若虫于蜡被下越冬。雌虫可与数头雄虫交配，未交配雌虫产的卵亦能孵化。4 月下旬至 5 月上旬危害最盛。天敌有黑缘红瓢虫，其成虫、幼虫皆捕食蚧的若虫和雌成虫，1 头幼虫 1 昼夜可取食 5 头雌虫，1 头瓢虫的一生可捕食 2 000 余头，捕食量较大，是抑制朝鲜球坚蚧大发生的重要因素。

朝鲜球坚蚧广泛分布于辽宁、河北、山东、山西、陕西等省的主要果产区。寄主植物有苹果、桃、李、柿、板栗、核桃等果树以及柏、柳、榆、洋槐、泡桐等林木。

朝鲜球坚蚧以若虫和雌成虫危害枝条，若虫还可爬到小枝、叶片或果实上危害。2 龄以后的若虫群集固定在枝条上吸取汁液，随着若虫的生长，虫体逐渐膨大，并分泌蜡壳。被害树生长不良，树势衰弱。

3. 防治方法

（1）休眠期防治。根据朝鲜球坚蚧越冬若虫虫体表面覆盖蜡质的特点，应用柴油乳剂和石硫合剂两种药剂轮换处理。10 月中旬，用 5～10 波美度的石硫合剂喷涂树体，喷洒均匀、细致，不留死角；春节前后，用 5% 柴油乳剂 500～1 000 倍液再细致喷洒 1 次，可杀死大部分的越冬若虫；3 月下旬至 4 月上旬，用 3～5 波美度的石硫合剂再进行 1 次全园喷洒，以杀死开始活动的部分若虫。

（2）生长期防治。从 5 月中下旬开始，每隔 10～15 天喷药 1 次，共喷 3 次。可选用 25% 噻嗪酮可湿性粉剂 1 000～2 000 倍液、45% 松脂酸钠可溶性粉剂 100～160 倍液、40% 螺虫·毒死蜱悬浮剂 1 500～2 000 倍液、40% 啶虫·毒死蜱微乳剂 750～1 000 倍液、50% 氯氟·毒死蜱乳油 5 000～6 000 倍液等药剂进行防治。

（3）保护和利用天敌。天敌对朝鲜球坚蚧的发生有明显的控制作用，因此对于天敌应多加保护和利用。常见的球蚧天敌为黑缘唇瓢虫和球蚧花翅跳小蜂等。

（4）清理果园。朝鲜球坚蚧有以 2 龄若虫固着在枝干上越冬的特性，用刮刀或铲子将寄生在枝干上的介壳虫及老树皮刮掉并用泥浆涂干，以保护树干免受病菌侵染。刮下的介壳虫及老树皮集中烧毁，铲除危害根源。

（三）东方盔蚧

1. 形态特征　东方盔蚧（soft scales），又称扁平球坚蚧、水木坚蚧，属同翅目（Homoptera）蜡蚧科（Coccidae）。雌成虫椭圆形，体长 4.1～6.6 毫米、宽 3.0～5.3 毫米，呈红褐色或者暗褐色；成虫前期体壁稍软，产卵后体壁硬化成介壳，外似钢盔状；体背中央有一条光滑而发亮的宽纵脊，两侧有大凹坑，在凹坑两侧有许多凹刻；体周缘倾斜较平，上有放射状隆起线的边，腹部末端具臀裂缝。雄成虫红褐色，长 1.2～1.5 毫米，翅展 3.0～3.5 毫米；头红褐色，翅透明，腹部具有白色长蜡丝 2 根。卵长卵形，纵径 0.20～4.25 毫米，横径 0.10～0.15 毫米，初期呈乳白色，微覆白色蜡粉，在雌虫体下成堆，似大米粒，近孵化时呈黄褐至红褐色。1 龄若虫扁椭圆形，体长 0.4～1.0 毫米，淡黄色；2 龄若虫体长约 2 毫米，若虫逐渐形成柔软而微有弹性的介壳，灰黄或浅灰色；3 龄若虫黄褐色，体缘淡灰色，体背纵轴隆起，亚周缘出现褶皱。雄虫裸蛹，长 1.2～1.7 毫米，宽 0.8～1.0 毫米，暗红色，腹部具有交尾器。雌茧长椭圆形，半透明，前半部突起，在蜡壳背面分为若干块。

2. 发生规律及危害　东方盔蚧 1 年发生 2 代，以 2 龄若虫在枝干裂缝、老皮下及叶痕处越冬。翌年 3 月中下旬出蛰，开始活动，先后爬到枝条上寻找适宜场所危害，持续一段时间后，可反复多次迁移。4 月上旬虫体开始膨大，月末雌虫体背膨大并硬化。5 月上旬开始产卵，卵产在雌虫体下介壳内，5 月中旬产卵盛期，卵期 1 个月左右。5 月下旬至 6 月上旬为若虫孵化盛期，若虫爬到叶片背面固着危害，少数寄生于叶柄。第二代若虫 8 月间孵化，中旬为盛期，10 月迁回，在适宜场所越冬（王记侠，2008）。该虫主要危害桃、杏、梅、苹果、梨、葡萄、枣、核桃等果树，以及槐、杨、柳等林木。大发生时，导致寄主植物枝条枯死，生长势衰弱，排泄蜜露，招致霉菌滋生，使树体呈烟煤色，影响光合作用，造成产量和品质下降（杨旭，2010）。

3. 防治方法

（1）清理果园。结合修剪，进行刮皮，将树上的老皮、翘皮刮除，并且随残枝清除，减少虫源。

（2）严格检疫。引进苗木时严格进行检查，不采集有虫接穗，不调运有虫的苗木，出圃时及时采取处理措施，发现东方盔蚧及时刮掉，以防传播蔓延。

（3）保护和利用天敌。充分发挥天敌对介壳虫的捕食和寄生作用，避免使用广谱性农药，减少打药的次数，减少对天敌的危害。天敌有黑缘红瓢虫（*Chilocorus rubidus*）、红环瓢虫（*Rodolia limbata*）、大红瓢虫（*Rodolia rufopilosa*）等，天敌对东方盔蚧有一定的抑制作用，应注意保护。

（4）化学防治。东方盔蚧若虫孵化盛期和虫体膨大前喷洒 3 波美度石硫合剂，或使用 25％噻嗪酮可湿性粉剂 1 000～2 000 倍液、45％松脂酸钠可溶性粉剂100～160 倍液、40％螺虫·毒死蜱悬浮剂1 500～2 000 倍液、40％啶虫·毒死蜱微乳剂750～1 000 倍液、50％氯氟·毒死蜱乳油 5 000～6 000 倍液等进行防治。

十、食心虫类害虫

（一）桃蛀螟

1. 形态特征 桃蛀螟（peach borer），又称桃蠹螟、桃斑螟、桃蛀心虫、豹纹斑螟，俗称桃蛀心虫，属鳞翅目（Lepidoptera）螟蛾科（Pyralididae）。成虫体长 9～14 毫米，翅展宽 20～26 毫米，身体纤细，橙黄色，复眼黑色，鳞毛细小，触角丝状，下唇须发达、上翘，背面及前后翅面上散布有黑色小斑点，前翅上有27～28 个，后翅上有 10 余个，腹部背面各有 3 个黑斑，末端有一撮黑色毛丛。卵椭圆形，长约 0.6 毫米、宽约 0.4 毫米，表面粗糙，有细微圆点，初期乳白色，后变为黄色，孵化前为橘红色。幼虫老熟时体长约 25 毫米，体色变化较大，大部分为暗红色，背面紫红色，腹面淡绿色，头部、前胸盾板、臀板暗褐色或褐色，胴部各节的毛片灰褐色。蛹长椭圆形，长约 13 毫米，黄褐色至褐色，腹部第 5～7 节背面各有 1 排小刺，末端有卷曲的臀棘 6 根，体外被灰白色丝质薄茧，外表常附有虫粪。

2. 发生规律及危害 桃蛀螟 1 年发生 4～5 代，以老熟幼虫在树皮缝隙等处越冬。翌年春季老熟幼虫化蛹，之后羽化为成虫，完成世代生活史。成虫白天常静伏于树叶背面，夜间交尾产卵，有一定的飞翔能力，对黑光灯和糖醋液有强烈的趋性。成虫喜欢在树叶繁茂的树上产卵，尤以果实间或叶片处产卵较多，一般每处产卵 2～3 粒，多者达 20 余粒。初孵幼虫从果实肩部或胴部蛀入果内，一般 1 个果内有 1～2 头幼虫，多者 8～9 头。幼虫有转果危害习性，幼虫期 20 天左右。老熟幼虫在果内或脱果后在两果间等处结茧化蛹。7—8 月发生第一代成虫，此时李果实已经采收，成虫便转移到其他作物上继续产卵，幼虫约在 9 月后开始寻找场所越冬。该虫的发生与雨水有一定关系，多雨有利于发生，相对湿度在 80% 时，越冬幼虫化蛹和羽化率均较高。天敌有黄眶离缘姬蜂和广大腿小蜂等。

桃蛀螟分布北起黑龙江、内蒙古，南至台湾、海南、广东、广西、云南南缘。以幼虫蛀果危害，幼虫在果内取食危害，排积粪便，尤以双果、多果或贴叶果受害严重。被害果外面堆有红褐色虫粪，并有流胶，受害果易腐烂早落（彩图 21）。

3. 防治方法

（1）清理果园。生长期及时摘除树上虫果，捡拾地上虫果，收集并运出果园销毁或深埋。越冬成虫孵化前彻底清除李园周围的玉米、向日葵等寄主植物的秸秆。秋季采果前在树干上绑草诱集越冬幼虫，集中杀灭。

（2）诱杀成虫。利用成虫对黑光灯和糖醋液的趋性，在李园设置黑光灯或糖醋液诱捕器，诱杀成虫。有条件的可以使用桃蛀螟性诱剂诱杀（冷德良等，2019）。

（3）化学防治。防治关键时期是成虫产卵期，药剂可选用 5% 氯氰菊酯乳油 800～1 000 倍液、20%氰戊菊酯乳油 2 000 倍液、2.5%高效氯氟氰菊酯水乳剂 2 500～3 000 倍液、35%氯虫苯甲酰胺水分散粒剂 15 000～30 000 倍液、2%甲氨基阿维菌素苯甲酸盐微乳剂 1 500～2 000 倍液、6%阿维·氯苯酰乳油 3 000～4 000 倍液，喷雾防治。

（二）梨小食心虫

1. 形态特征　梨小食心虫（oriental fruit moth），又称梨小蛀果蛾、东方果蠹蛾、桃折梢虫、梨姬食心虫、小食心虫、桃折心虫、黑膏药，简称"梨小"，属鳞翅目（Lepidoptera）小卷叶蛾科（Olethreutidae）。成虫体长 6～7 毫米，翅展 13～14 毫米，灰褐色，触角丝状，与体同色。前翅前缘有 8～10 条白色斜纹，外缘有 10 个小黑点，翅中央偏外缘处有 1 个明显的小白点；后翅暗褐色，基部颜色浅。卵长约 2.8 毫米，扁圆形，中央稍隆起，初产时乳白色，后淡黄色。低龄幼虫头和前胸背板黑色，体白色，老熟时体长 10～14 毫米，头褐色，前胸背板黄白色，体淡黄白色，臀板上有深褐色斑点，足趾钩单序，环状，细长，腹足趾钩 30～40 个，臀足趾钩 20～30 个。蛹体长约 7 毫米，长纺锤形，黄褐色，腹部第 3～7 节背面各有 2 排短刺，蛹外包有白色丝质薄茧。

2. 发生规律及危害　梨小食心虫在我国长江、黄河流域危害较为严重，1 年发生 6 至 7 代，以老熟幼虫在树枝、根颈等部位的缝隙内，落叶或土中结茧越冬。翌年春季越冬幼虫开始化蛹，前期幼虫主要危害新梢，后期幼虫主要危害果实。成虫多在傍晚活动，夜间产卵，对糖醋液及烂果有趋性。

危害新梢时，成虫产卵于嫩叶的主脉两侧。幼虫孵化后从新梢顶端蛀入，向下蛀食，枝梢外部有胶汁及粪屑排出，嫩梢顶部枯萎下垂，当蛀到新梢木质化部分时，即从梢中爬出，转移至另一嫩梢危害，造成大量新梢折断，萌生二次枝（彩图 22）。1 头幼虫可危害 2～3 个新梢，幼虫老熟后爬向枝干粗皮等处化蛹。危害果实时，成虫产卵于果实胴部。幼虫孵化后蛀入果实，大部分直入果心，在果核周围蛀食，并排粪于其中，形成"豆沙馅"，有时果面有虫粪排出，被害果易脱落。幼虫老熟后咬出虫孔到果外，爬至枝干粗皮处或果实基部结茧化蛹。雨水多、湿度大的年份发生较重。

3. 防治方法

（1）**清理果园。**刮除树干和主枝上的翘皮，将虫害消灭在越冬幼虫状态，清扫李园中的枯枝落叶，集中烧掉或深埋于树下。在李生长前期，及时剪除被害梢，如果被害梢已变褐、枯干，则其中的幼虫已转移，故剪梢时间不宜太晚，应在新梢刚萎蔫时剪梢。及时拾取落地果实，集中深埋，切忌堆积在树下。

（2）**诱杀成虫。**利用成虫对糖醋液有强烈趋性的习性，用细铁丝或绳索将糖醋液水碗（盆）诱捕器悬挂于树上，诱捕器距地面高约 1.5 米。要及时消除碗（盆）中的虫尸，并加足糖醋液。还可利用人工合成的梨小食心虫性外激素制成诱捕器，诱杀雄成虫，减少雌雄交配的机会，达到控虫的目的。诱捕器制作方法是：在水碗中盛满水，并加少许洗衣粉，以湿润掉入水中的成虫，使之不致逃走。在水面上方约 1 厘米处悬挂 1 个用软木塞做成的含有梨小食心虫性外激素的诱芯。将诱捕器悬挂于树上，距地面高 1.5 米左右，每亩挂 5～10 个，在成虫发生期可诱集到大量雄成虫。还可用迷向法防治害虫，即在每株树上挂 1 个性外激素诱芯，在田间散发出大量的性外激素，使雄成虫不能找到雌成虫交尾，不能产生有效卵。利用成虫趋黄性，5 月上旬在李园内悬挂黄板粘杀成虫。悬挂高度为 1.5 米左右，每亩以悬挂粘虫板 30 张为宜（刘红飞，2019）。

（3）**化学防治。**4 月中旬至 5 月上中旬，喷洒 20％氰戊菊酯乳油 2 000 倍液、2.5％高效氯氟氰菊酯水乳剂 2 500～3 000 倍液、

35%氯虫苯甲酰胺水分散粒剂 15 000～30 000 倍液、2%甲氨基阿维菌素苯甲酸盐微乳剂 1 500～2 000 倍液、6%甲维·茚虫威悬浮剂 1 500～2 000 倍液、6%阿维·氯苯酰乳油 3 000～4 000 倍液，抑制第一、第二代幼虫危害。

（三）桃小食心虫

1. 形态特征 桃小食心虫（peach fruit borer），又称桃蛀果蛾，俗称"钻心虫"，简称"桃小"，属鳞翅目（Lepidoptera）蛀果蛾科（Carposinidae）。雌蛾体长 7～8 毫米，翅展 16～18 毫米；雄蛾体长 5～6 毫米，翅展 13～15 毫米。全体灰白色或灰褐，触角丝状，雄虫下唇须短小，向上弯曲，雌虫下唇须较长，向前伸直。翅基部及中部有 7 簇蓝褐色的斜立鳞片，缘毛灰褐色，前翅近中部靠前级有 1 个蓝黑色近似三角形的大斑，后翅灰色，缘毛长。卵椭圆形，长约 0.4 毫米，初期橙黄色，后为深红褐色。幼虫初孵时黄白色，老熟时桃红色，体长 13～16 毫米，腹面色较淡，头和前胸背板褐色或暗褐色。腹足趾钩单序环状，腹部末端无臀栉。蛹长约 7 毫米，黄白至黄褐色，羽化前变为灰黑色。茧分夏茧和冬茧。夏茧纺锤形，长约 13 毫米，质地疏松；冬茧圆形，稍扁，长约 6 毫米，质地紧密。

2. 发生规律及危害 桃小食心虫 1 年发生 1 代至 2 代，以脱果中的老熟幼虫在树干周围土中结冬茧越冬。春季地温达到 19 ℃时，越冬幼虫开始出土活动。土壤湿度大，有利于幼虫出土，通常降雨后 2～3 天会有大量幼虫出现。遇干旱幼虫出土期推迟，当土壤含水量在 3%以下时，幼虫几乎不出土。幼虫出土后，在地面吐丝做夏茧化蛹。在 25 ℃条件下，越冬幼虫出土到成虫羽化历期约 13 天。成虫昼伏夜出，在果实萼顶周围产卵，每个果上一般产卵 1 粒，初孵幼虫从萼顶附近蛀入果实，在果内生活约 20 天后，于 6 月陆续老熟脱果，脱果幼虫全部结扁圆形茧。天敌有 10 多种，以桃小食心虫甲腹茧蜂（Chelonus sp.）和中国齿腿姬蜂的寄生率较高。寄生菌主要是白僵菌，自然寄生率达 30%～50%。

桃小食心虫在我国北方果产区均有分布，寄主植物有苹果、梨、桃、李、杏、山楂、枣等，以苹果、梨、枣、山楂受害最重。

桃小食心虫幼虫仅危害果实。果面上的针状大小的蛀果孔呈黑褐色凹点，四周呈浓绿色，外溢出泪珠状果胶，干涸呈白色蜡质膜，该症状为桃小食心虫早期危害的识别特征。幼虫蛀入果实内后，在果皮下纵横蛀食果肉，随虫龄增大，有向果心蛀食的趋向，果肉内虫道弯曲纵横，果肉被蛀空并有大量虫粪。果面上脱果孔较大，周围易变黑腐烂。

3. 防治方法

（1）物理防治。 老熟幼虫多集中在树干周围越冬，可在树干周围 1 米范围内培土约 20 厘米厚，以阻止越冬幼虫出土。

（2）生物防治。 ①昆虫病原微生物。桃小食心虫病原微生物主要有昆虫病原细菌和昆虫病原真菌，比如苏云金杆菌（Bt）是一种活体微生物杀菌剂，属于昆虫病原细菌。昆虫病原真菌中白僵菌、绿僵菌应用最为广泛。②昆虫病原线虫。昆虫病原线虫具有杀虫速度快、寄主范围广、对寄主有较强的搜索能力以及专一性、对人畜及周围环境安全无害、可人工培养等优点。泰山 1 号、线虫 CZ - 88、斯氏线虫等均可用于防治桃小食心虫，其中泰山 1 号可使桃小食心虫幼虫被寄生致死率达 92％以上（杨华等，2012）。

（3）化学防治。 在越冬幼虫出土期地面施药，然后轻耙表土，使土药混匀，消灭出土幼虫，常用药剂有 50％辛硫磷乳剂、25％辛硫磷微胶囊剂每亩用药 0.5 千克，加水稀释后喷洒于地面。树上喷药的关键时期是成虫产卵盛期。预测成虫产卵盛期的方法是用桃蛀果蛾性激素诱捕器诱捕雄蛾，在雄成虫发生高峰后 1～2 天，是雌成虫产卵高峰期，即为喷药适期。常用药剂有 5％高效氯氟氰菊酯水乳剂 2 500～3 000 倍液、35％氯虫苯甲酰胺水分散粒剂 15 000～30 000 倍液、2％甲氨基阿维菌素苯甲酸盐微乳剂 1 500～2 000 倍液、6％甲维·茚虫威悬浮剂 1 500～2 000 倍液、30％阿维·灭幼脲悬浮剂 1 000～1 500 倍液、6％阿维·氯苯酰乳油 3 000～4 000 倍液等。

（四）李小食心虫

1. **形态特征**　李小食心虫（*Cydia funebrana*），又称李小蠹蛾，属鳞翅目（Lepidoptera）卷蛾科（Tortricidae）。成虫体长 4.5～7.0 毫米，翅展 11～14 毫米。体背面灰褐色，头部鳞片灰黄色，复眼褐色。前翅长方形，烟灰色，无明显斑纹，前缘有 18 组不很明显的白色钩状纹；后翅梯形，淡烟灰色。卵扁椭圆形，长0.60～0.72 毫米，初期乳白色半透明，后淡黄色。老熟幼虫体长约 12 毫米，头宽约 0.9 毫米，玫瑰红或桃红色，腹面体色较浅，头部黄褐色。前胸背板浅黄或黄褐色；臀板淡黄褐色或玫瑰红色，上有 20 多个深褐色小斑点；腹足趾钩粗短，为不规则双序。蛹体长 6～7 毫米，初为淡黄褐色，后变褐色，其外被污白色茧，长约10 毫米，纺锤形。

2. **发生规律及危害**　李小食心虫在黑龙江、吉林、辽宁、河北等地区 1 年发生 2 代，少数 3 代，以老熟幼虫在树冠下的表土内、草根附近、土石块下做茧越冬，翌年 4 月下旬至 5 月上旬化蛹，越冬代成虫于 5 月中旬开始出现，5 月中下旬为羽化盛期。成虫羽化后经 1～2 天交尾产卵，卵期 1 周左右，10 天左右老熟脱果，顺枝条爬至主干，潜入粗皮缝隙内、草根、石块或钻入浅土层内做茧，经 3～4 天化蛹，蛹期 1 周左右。6 月中下旬第一代成虫出现，第二代幼虫期约 20 天，第二代成虫于 7 月下旬至 8 月上旬出现，9 月中旬采收前，老熟幼虫脱果越冬。

成虫昼伏夜出，有趋光性和趋化性，白天栖息在树下的草丛或土块缝隙等隐蔽场所，黄昏时在树冠周围交尾产卵，卵散产在果面或叶片上。孵化后，幼虫先在果面上爬行，寻找到适当部位后即蛀入果内。幼虫危害时多直接蛀入果仁，被害果极易脱落（彩图23）。幼虫蛀食果实 2～3 天后，在被害果尚未脱落前，即行转果危害，当果实生长靠近时，幼虫更易迁果危害。随果落地的小幼虫，由于落地虫果很快干枯，多数不能完成幼虫期。第二代幼虫蛀果后，不能危害果仁，只蛀食果肉，果实被害后常表现出"流泪"现象，一般每头幼虫只危害 1 个果实，受害果不脱落。第三代幼虫大部分由果梗基部蛀入，果表面无明显症状，但比好果提前成熟和脱落。雌蛾产卵最低温度为 15 ℃，最适温度为 24～28 ℃，卵量平均为 50 多粒。

3. 防治方法

(1) 物理防治。 在越冬代成虫羽化出土前，在树盘干基周围 50～70 厘米地面培以 10 厘米厚的土堆，踏实，使羽化后的成虫不能出土。此法还可防治其他在树干周围越冬的害虫，如桃蛀果蛾越冬幼虫，同时结合整地、除草、刮树皮消灭越冬虫源。

(2) 诱杀成虫。 用涂有李小食心虫雌性激素的诱饵盒，引诱成虫进入诱捕装置，并粘在装置内的粘板上，从而杀死雄性成虫，有效阻断成虫的繁殖产卵。利用昆虫的趋性及昆虫间进行信息传递的原理，采用夜间灯光罩或糖：醋：酒：水按 1：4：1：16 混合的糖醋液进行诱捕，诱捕装置悬挂于树干上，具体数量可依据李园具体病虫害情况而定，一般 5～10 棵树间隔配备，诱捕装置最好 7 天更换 1 次 (曹青军等，2016)。

(3) 化学防治。 ①地面施药。在越冬代成虫羽化前 (李落花后) 或第一代幼虫脱果前 (5 月下旬) 在树盘下喷布 75%辛硫磷乳油每亩 0.5 千克、2.5%溴氰菊酯乳油 8 000 倍液，喷后用耙子耙匀，以便药土混合均匀，提高杀虫效果。②树上施药。可喷布 5%高效氯氟氰菊酯水乳剂 2 500～3 000 倍液、5%氯氰菊酯乳油 800～1 000 倍液、35%氯虫苯甲酰胺水分散粒剂 15 000～30 000 倍液、2%甲氨基阿维菌素苯甲酸盐微乳剂 1 500～2 000 倍液、6%甲维·茚虫威悬浮剂 1 500～2 000 倍液、30%阿维·灭幼脲悬浮剂 1 000～1 500 倍液、6%阿维·氯苯酰乳油 3 000～4 000 倍液等。由于越冬代成虫发生期长达 1 个月，一般应喷 2～3 次。

(五) 李实蜂

1. 形态特征　李实蜂 (*Hoplocampa* sp.)，又称李叶蜂，属膜翅目 (Hymenoptera) 叶蜂科 (Tenthredinidae)。雌虫体长 4～6

毫米，雄虫略小，黑色，触角 9 节，丝状，第一节黑色，第 2～9 节暗棕色（雌）或淡黄色（雄）。雌虫翅灰色，翅脉黑色；雄虫翅淡黄色，翅脉棕色。幼虫体长 8～10 毫米，向腹部弯曲呈 C 状，头部淡褐色，胸腹部乳白色。蛹为裸蛹，乳白色。

2. 发生规律及危害

该虫 1 年发生 1 代，主要是以老熟幼虫在土中结茧越冬。越冬幼虫于 3 月中旬李萌芽时化蛹，3 月下旬至 4 月上旬开花期成虫羽化出土。日最高气温 14～15 ℃时为成虫出土始期（李花蕾露白期），17～20 ℃为出土盛期（李开花期）。4 月初为羽化高峰，成虫羽化出土后，在树冠上部或花间活动，当天即可交配产卵，将卵产在花托或花萼表皮下的组织内，以花托上产卵最多。幼虫孵化后咬破花托外表皮，向上爬行再蛀入子房，一般是从顶部蛀入，也有从中部蛀入的，蛀孔针头大小，1 头幼虫只危害 1 个果。幼虫期 26～31 天，老熟后在果实的中、下部咬出圆孔脱果，坠落地面，也有的随被害落果落地，再脱果入土。幼虫多在树冠下 10 厘米深的土层内，结一长椭圆形茧越冬，以离主干 50 厘米至树冠外缘的土层内最多。不同品种李受害情况有差异，不同年份虽略有不同，但透光性差、树势弱的受害最重。李树内膛的受害率显著大于外围受害率，品种栽植混乱的李园趋于随机分布，品种单一的李园趋于聚集分布。

李实蜂以幼虫蛀食幼果，受害果实果核被食，果肉亦多被食空，且虫粪堆积，幼果便停止生长。

3. 防治方法

（1）加强果园管理。合理施肥灌水，增强树势，提高树体抵抗力。科学修剪，通风透光，雨季做好果园排水，保持适当的温湿度，冬季清理果园，深翻园土，消灭越冬幼虫，减少虫源。

（2）做好预测预报。准确掌握害虫在本地区本园的活动规律，适时进行防治工作。

（3）覆盖薄膜。覆盖薄膜可以有效地防治李实蜂，且有利于土壤保温，又可节约浇地用水，能使果实提前成熟。

（4）**保护天敌。**如黑胸蜂是李实蜂幼虫期的天敌，在田间数量较大，防治李实蜂时尽量减少广谱性农药的使用，注意保护、利用天敌。

（5）**化学防治。**开花期地下喷洒 50％辛硫磷乳油 1 000 倍液，然后划锄杀灭地下老熟幼虫以及接近化蛹或刚羽化的成虫。在李始花期、谢花期、落花后，各喷雾 1 次 5％高效氯氟氰菊酯水乳剂 2 500～3 000 倍液、5％氯氰菊酯乳油 800～1 000 倍液、2％甲氨基阿维菌素苯甲酸盐微乳剂 1 500～2 000 倍液、10％溴氰菊酯悬浮剂 6 000～7 000 倍液等。在幼虫脱果期，于地面施药，杀死脱果幼虫，常用药剂有 25％辛硫磷微胶囊剂，施药前先清除地表杂草，施药后轻耙土壤，使药、土混匀。

十一、其他害虫

（一）棉褐带卷蛾

1. **形态特征** 棉褐带卷蛾（smaller apple leaf roller）又称苹小卷叶蛾、黄小卷叶蛾，属鳞翅目（Lepidoptera）卷蛾科（Tortricidae）。成虫体长 6～8 毫米，翅展 13～23 毫米，淡棕色或黄褐色；触角丝状，与体同色；下唇须较长，向前延伸；前翅有 2 条深褐色斜纹，外侧的一条较细，后翅淡灰色。雄虫较雌虫体小，颜色较淡，前翅基部有前缘褶。幼虫体长 13～15 毫米，头和前胸背板淡黄色，幼龄时淡绿色，老龄幼虫翠绿色；3 龄以后的雄虫腹部第五节背面出现 1 对黄色性腺，臀栉 6～8 根。蛹长 9～11 毫米，黄褐色，腹部第 2～7 节各节背面有 2 行小刺，后一行较前一行短小，臀棘 8 根。卵扁平，椭圆形，淡黄色，聚集排列成鱼鳞状卵块。

2. **发生规律及危害** 国内除云南和西藏外，其他各水果产区都有棉褐带卷蛾分布。棉褐带卷蛾是果树的一种主要害虫，寄主有桃、李、杏、樱桃、苹果、梨、山楂等。成虫夜伏日出，对黑光灯、果汁和糖醋液有强趋性。东北、华北、西北地区 1 年发生 2～

3代。3代地区成虫发生期分别在5—6月发生第一代、7—8月发生第二代、8—9月发生第三代，存在世代重叠现象。第三代卵期约7天，幼虫孵化后于10月中下旬寻找适合的缝隙，以幼虫结薄茧越冬。

棉褐带卷蛾幼虫主要危害叶和果。幼虫吐丝将叶片连缀一起，在其中危害，将叶片食成缺刻状或网状。果被害则呈现形状不规则的小坑洼，尤其果、叶相贴时，受害较多。幼虫在皮缝、伤口处越冬，春天植株发芽时，越冬幼虫顺枝条爬到嫩芽、幼叶及梢上危害。5月幼虫老熟化蛹，蛹期约7天。雌成虫产卵于叶上和果皮上，卵扁平，呈鱼鳞状排列，卵期约10天。

3. 防治方法

（1）诱杀成虫。利用棉褐带卷蛾趋光的习性，可用黑光灯诱杀成虫。利用其对糖醋液也有趋性，可在糖醋液中加入少许杀虫剂，也可以很好地诱杀成虫。以上方法使用方便，对环境无污染，有利于保护天敌。

（2）清理果园。入冬后，及时刮除果树主侧枝的老翘皮和剪锯口周缘的老树皮，摘除树干上的干叶集中灭杀处理，可灭杀棉褐带卷蛾越冬幼虫（王梓，2013）。

（3）生物防治。棉褐带卷蛾的天敌很多，寄生性天敌有赤眼蜂、姬蜂、肿腿蜂、茧蜂、绒茧蜂等。也可用杀虫微生物制剂防治棉褐带卷蛾幼虫，例如喷洒青虫菌液100～200倍液或苏云金杆菌75～150倍液，可防治棉褐带卷蛾的初孵幼虫。

（4）化学防治。在早春发芽前，喷施晶体石硫合剂50～100倍液，杀灭越冬幼虫，兼治越冬蚜虫和叶螨。在越冬代幼虫和第一代初孵幼虫期可喷施5%高效氯氟氰菊酯水乳剂2 500～3 000倍液、5%氯氰菊酯乳油800～1 000倍液、35%氯虫苯甲酰胺水分散粒剂15 000～30 000倍液、2%甲氨基阿维菌素苯甲酸盐微乳剂1 500～2 000倍液、6%甲维·茚虫威悬浮剂1 500～2 000倍液、30%阿维·灭幼脲悬浮剂1 000～1 500倍液、6%阿维·氯苯酰乳油3 000～4 000倍液等。

（二）桃潜叶蛾

1. 形态特征 桃潜叶蛾（bentwing moth），又称桃线潜叶蛾、桃叶线潜叶蛾、桃叶潜叶蛾，属鳞翅目（Lepidoptera）潜叶蛾科（Lyonetiidae）。成虫体长 3 毫米，翅展 6 毫米，体及前翅银白色；前翅狭长，先端尖，翅先端有黑色斑纹，附生 3 条黄白色斜纹，有灰色长缘毛。茧扁枣核形，白色，两侧有长丝粘于叶上。幼虫体长 6 毫米，胸淡绿色，体稍扁，有褐色胸足 3 对。卵扁椭圆形，无色透明，卵壳极薄而软，大小为 0.33～0.26 毫米。

2. 发生规律及危害 国内广西、云南、河南、山东、河北、陕西、甘肃、宁夏、青海、黑龙江、内蒙古等地均有桃潜叶蛾分布，主要危害桃、李、杏等核果类果树。幼虫在叶肉中串食形成弯曲潜道，后期叶片脱落。雌虫夜间活动，产卵于叶下表皮内、幼虫孵化后，在叶组织内潜食形成弯曲隧道，并将粪粒充塞其中，叶表皮不破裂，但叶受害后会枯死脱落。后期虫龄增大，虫道逐渐变粗，幼虫蛀食叶肉，仅剩上、下表皮，致使表皮干枯后叶片破碎，提早脱落（彩图 24）。一般来说，外围树受害重，中间树受害轻；同一棵树，树冠上部受害重，树冠中下部受害轻。

越冬代成虫当年 11 月中旬，平均气温 6.5℃以下时潜伏越冬，翌年春季平均气温 5.5℃以上时出蛰活动，越冬代成虫田间自然死亡率达 26.1%。一天中以中午成虫最活跃，气温降低后，又潜伏于树皮缝中。越冬代成虫多在上午 7 时后开始交尾，有 2 次交尾的现象。夏型成虫羽化后，多在叶背栖息，交尾多在上午 6—9 时进行。桃潜叶蛾成虫趋光性强，对黑光灯、白炽灯均有较强的趋性。黑光灯日诱蛾量最多可达 2 600 头。成虫有较强的迁移能力，冬型成虫出蛰后，可迁飞 500 米以上；夏型成虫有迁移危害习性，可从受害重已落叶的区域迁移到受害较轻的区域继续危害。

雌蛾交尾 2～3 天后即产卵，以产卵器刺破叶下表皮，将卵产在叶肉组织内，叶背有黄色小鼓包，产卵 21～41 粒。第一代卵初见时，叶芽露绿 0.5 厘米。卵在田间自然死亡率为 5.0%，幼虫孵化后即串食叶肉。

第一代幼虫危害新梢的第 1～5 片叶，最多 1 片叶有虫 7 头，蛀道长度 4.5～9.7 厘米。第二代幼虫危害中部叶片，多为第 5～10 片叶，最多 1 片叶有幼虫 12 头，受害严重叶片 5 月底落叶。当发生量小时，第三代幼虫主要危害自顶端展开叶片向下第 1～9 片叶；发生量大时，第三代幼虫可危害中部 20 片叶。第四代幼虫发生时，已世代重叠，发生量增加，可重复危害叶片。至第五代幼虫发生时，受害严重的区域已大量落叶，个别区域落叶率达 80% 以上。

幼虫老熟后，咬破上表皮爬出，在叶表面活动数分钟后，即吐丝下坠，至叶背、杂草、树干等处结茧，幼虫从吐丝结茧至整个虫体包裹好，一般需 52～152 分钟。桃潜叶蛾结茧化蛹多在叶背，少量在树干及树下杂草等处。园区内第三代蛹自然死亡率 3.5%，第四代蛹自然死亡率 7.0%。

3. 防治方法

(1) 草把诱杀成虫。 9 月大枝干绑草把，或树下堆放一些杂草落叶，诱集越冬成虫。冬季清除销毁杂草落叶、园内树枝、秸秆垛等，刮除枝干老翘皮，解除大枝干上绑的草把或诱虫带，破坏越冬场所，消灭部分越冬成虫（梁泊等，2009）。

(2) 性诱剂杀成虫。 将诱捕器挂于李园中，高度距地面 1.5 米，每亩挂 5～10 个。夏季气温高，蒸发量大，需经常给诱捕器补水，保持水面的高度。诱捕器不仅可以杀雄性成虫，还可以预报害虫消长情况，指导化学防治。

(3) 化学防治。 成虫发生期，可用药剂防治。常用药剂有 10% 虫螨腈悬浮剂 1 500～2 000 倍液、5% 虱螨脲悬浮剂 2 000～2 500 倍液、250 克/升苯氧威悬浮剂 420～600 倍液、5% 氯氰菊酯乳油 800～1 000 倍液、2.5% 溴氰菊酯乳油 3 000 倍液、25 克/升高效氯氟氰菊酯乳油 1 000～2 000 倍液、4.5% 联苯菊酯水乳剂 2 000～3 000 倍液、20% 甲氰菊酯水乳剂 2 000～3 000 倍液、6.3% 阿维高氯可湿性粉剂 4 000～4 500 倍液、22% 氯氰·毒死蜱乳油 400～600 倍液等。

（三）黑刺粉虱

1. **形态特征** 黑刺粉虱（spiny blackfly）又称橘刺粉虱、刺粉虱、黑蛹有刺粉虱，属同翅目（Homoptera）粉虱科（Aleyrodidae）。成虫橙黄色，体长 1.0～1.3 毫米，体表覆白粉。复眼肾形，红色。前翅呈紫褐色，上有 7 个白斑；后翅小，淡紫褐色。卵长约 0.25 毫米，新月形，基部钝圆，具 1 小柄，直立附着在叶上，初乳白色，后渐变淡黄，孵化前变灰黑色。幼虫黑色，体长约 0.7 毫米，体周缘有明显的白蜡圈。蛹呈椭圆形，初乳黄色，渐变为黑色。蛹壳椭圆形，长 0.7～1.1 毫米，漆黑带光泽，边锯齿状，周缘有白蜡边，背面隆起。

2. **发生规律及危害** 黑刺粉虱 1 年发生 4～5 代，以 2～3 龄幼虫在叶背越冬。翌年春季越冬幼虫化蛹，羽化为成虫，随后产卵，完成世代生活史，世代重叠且不整齐。成虫多在早晨羽化，喜欢荫蔽的环境，日间常在树冠内幼嫩的枝叶上活动，具趋光性，可借风力传播到远方。羽化后 2～3 天，可在叶背交尾产卵，数粒至数十粒集在一起，每雌可产卵数十粒至百余粒，幼虫孵化后，短距离爬行后开始吸食。蜕皮后将皮留在体背上，以后每蜕 1 次皮均将上次所蜕的皮往上推而留于体背上，一生共蜕皮 3 次。危害严重时排泄物增多，树体煤烟病严重。天敌有寄生蜂、捕食性瓢虫、草蛉、寄生性真菌等。

黑刺粉虱以成虫、幼虫刺吸叶、果实和嫩枝的汁液。被害叶出现失绿黄白斑点，随危害的加重，斑点扩展成片，进而全叶苍白早落。被害果实风味品质降低，幼果受害严重时常脱落。排泄蜜露可诱致煤污病发生。

3. **防治方法**

（1）农业防治。 剪除密集的虫害枝，使李园通风透光，及时中耕、施肥，增强树势，提高植株抗虫能力。

（2）化学防治。 早春发芽前，喷洒 5％柴油乳剂毒杀越冬幼虫。生育期平均每片叶片有虫 2 头时开始防治，防治适期为 1 龄幼虫占 80％、2 龄幼虫占 20％，药剂可选用 40％螺虫乙酯悬浮剂 2 000～3 000 倍液、50 克/升双丙环虫酯可分散液剂 600～700 倍液、45％吡蚜·异丙威可湿性粉剂 800～1 200 倍液，20％甲氰菊酯水乳剂 2 000～3 000 倍液、17％氟吡呋喃酮可溶液剂 750～1 000 倍液，均匀喷药。3 龄及其以后各虫的防治，最好用 0.4％～0.5％矿物油乳剂混用上述药剂，可提高杀虫效果。发生严重的地区在成虫盛发期也可进行防治。另外果园杂草也是黑刺粉虱的栖息地，除重点喷洒树冠内膛和叶背外，还要注意对果园杂草的防治。

（四）茶翅蝽

1. **形态特征**　茶翅蝽（yellow - brown stink bug），又称臭木椿象、茶色蝽、臭板虫，属半翅目（Hemiptera）蝽科（Pentatomidae）。成虫体长 12～16 毫米、宽 6.5～9.0 毫米，椭圆形，扁平，茶褐色；口器黑色，很长，先端可达第一腹板；触角 5 节，丝状，褐色，第四节两端和第五节基部为黄褐色；复眼球形黑色，前胸背板两侧略突出，背板前方横排着生黄褐色小斑。卵呈短圆筒形，长约 1.2 毫米，顶部平坦，中央稍隆起，周缘着生短小刺毛，初期乳白色，孵化时呈黑色，多为 20～30 粒排列成卵块。若虫初孵时体长约 2 毫米，白色，无翅，腹背有黑斑，胸部及腹部 1～2 节两侧有刺状突起，腹部 3～5 节各有 1 红褐色瘤状突起。后期若虫逐渐变为黑色，形似成虫。

2. **发生规律及危害**　茶翅蝽 1 年发生 1 代，以成虫在果园附近各种建筑物的缝隙、树洞等处越冬。春季越冬成虫开始出蛰活动，完成世代生活史，卵及初孵若虫均集中在叶片背面，约 5 天后分散危害，成虫危害到秋末，开始寻找场所越冬。天敌有茶翅蝽沟卵蜂等。

茶翅蝽以成虫、若虫吸食叶片、果实和嫩梢的汁液。正在生长的果实被害，受害果表面凹凸不平，生长畸形，受害处变硬，不堪食用。接近成熟的果实被害后，受害处果肉木栓化，变空，失去经济价值。李果实被害后，被刺处流胶，果肉下陷，形成僵斑硬化，幼果受害严重时易脱落，对产量与品质影响很大。

3. **防治方法**

（1）**物理防治**。春季越冬成虫出蛰时和秋末成虫越冬时，清除门窗、墙壁上的成虫；成虫产卵期，收集卵块和初孵若虫，集中销毁。

（2）**生物防治**。保护自然天敌，如小花蝽和草蛉幼虫可以取食茶翅蝽的卵，三突花蛛能够捕食茶翅蝽的若虫和成虫。卵寄生蜂在茶翅蝽的生物防治中起着重要作用，茶翅蝽沟卵蜂平均寄生率达到50%，平腹小蜂寄生率可达 52.6%～64.7%，黄足沟卵蜂寄生率为 60% 以上（刘宝等，2017）。

（3）**化学防治**。若虫发生期是化学防治的有利时机，可喷施25%噻虫嗪水分散粒剂 4 000～5 000 倍液、20%氰戊菊酯乳油2 000 倍液、22%氟啶虫胺腈悬浮剂 4 500～6 000 倍液、45%吡蚜·异丙威可湿性粉剂 800～1 200 倍液、25 克/升溴氰菊酯乳油 3 000～5 000 倍液、26%氯氟·啶虫脒水分散粒剂 3 750～5 000 倍液、4%阿维·啶虫脒乳油 3 000～5 000 倍液等防治。

（五）铜绿丽金龟

1. **形态特征**　铜绿丽金龟（blue chafer）又称淡绿金龟子、铜绿金龟子、青金龟子，属鞘翅目（Coleoptera）丽金龟亚科（Rutelinae）。成虫体长 19～21 毫米，触角黄褐色，鳃叶状；前胸背板及鞘翅铜绿色，具闪光，上有细密刻点；鞘翅每侧具 4 条纵脉，肩部具疣突；前足胫节具 2 外齿，前、中足大爪分叉。卵初产椭圆形，卵壳光滑，乳白色。3 龄幼虫体长 30～33 毫米，头部黄褐色，前顶刚毛每侧 8 根，排 1 纵列；肛腹片后部腹毛区正中有 2 列黄褐色长的刺毛，每列 15～18 根，刺尖大部分相遇和交叉。蛹体长 22～25 毫米，长椭圆形，土黄色，体稍弯曲，雄蛹臀节腹面有 4 个乳头状突起。

2. **发生规律及危害**　铜绿丽金龟 1 年发生 1 代，以老熟幼虫越冬。翌年春季越冬幼虫上升活动，先在其他寄主上取食，李发芽后，再到李上危害花芽、嫩叶和花蕾。4—6月为盛发期，多在下午3点以后出土危害，傍晚时围绕树冠飞行、取食和交尾，以温暖无风的天气出现最多，降水量大、湿度高有利于出土。气温高时，成虫傍晚出去取食危害、交配，夜间气温下降，潜入土中。成虫飞翔力强，有趋光性和假死性。幼虫孵化后，在土中以腐殖质和植物嫩根为食，一般对作物危害不大。幼虫老熟后大多在土壤中化蛹，羽化后不出土即越冬，少数发生迟者以幼虫越冬。天敌有金龟芽孢杆菌、绿僵菌、白僵菌、马蜂、寄生蜂等。

铜绿丽金龟以成虫危害李花芽、花蕾、幼叶、幼果，可将叶片食成缺刻状，严重发生时可将全株叶片、花芽、果实食光（彩图25）。

3. 防治方法

（1）农业防治。 冬春翻树盘，铲除杂草，破坏幼虫（蛴螬）生存条件，压低成虫数量。

（2）物理防治。 利用成虫假死习性，清晨或傍晚敲击树枝，振落捕杀成虫。利用成虫的趋光性，设黑光灯或100瓦白炽灯，灯下放大水盆，使成虫撞击落水淹死。

（3）化学防治。 利用成虫雨后出土习性，在成虫发生期，向树冠下的地面喷洒50%辛硫磷乳油300倍液、48%毒死蜱乳油600倍液，杀虫效果较好。在成虫发生盛期，向树上喷洒10%吡虫啉可湿性粉剂1 500倍液、2.5%溴氰菊酯乳油2 000～3 000倍液、20%氰戊菊酯乳油2 000～2 500倍液。

（六）桑天牛

1. 形态特征 桑天牛（mulberry borer）又称桑干黑天牛、粒肩天牛、褐天牛，属鞘翅目（Coleoptera）天牛科（Cerambycidae）。成虫黑褐色，体长26～51毫米、宽8～16毫米，密被灰黄色绒毛；触角鞭状，第一、第二节黑色，其余各节灰白色，端部黑色；体背一般呈青棕色，腹面棕黄色，基半部灰白色；前胸背板突起、粗壮；鞘翅基部1/4～1/3处密布许多黑色光亮颗粒状突起。

卵呈椭圆形，长 6～7 毫米，稍弯曲，初乳白色，渐变淡褐色。幼虫圆筒形，体长 45～60 毫米，乳白色；头部黄褐色，大部分缩在前胸内，前胸特大，前胸背板密生赤褐色刻点；腹部第 3～10 节背面有扁圆形突起。蛹纺锤形，长 30～50 毫米，淡黄色，腹部第 1～6 节背面两侧各有刚毛 1 对，翅芽达第三腹节，尾端轮生刚毛。

2. **发生规律及危害**　桑天牛 1 年发生 1 代，或 2～3 年发生 1 代。以幼虫在被害枝干内越冬，翌年春季芽萌动后开始危害，落叶时休眠越冬。初孵幼虫先向上蛀食，后掉头沿枝干木质部向下蛀食，逐渐深入心材，如植株较矮，下蛀可达根部。幼虫在蛀道内每隔一定距离即向外咬 1 圆形排粪孔，向外排出粪便，大幼虫的粪便为锯屑状，小幼虫粪便红褐色细绳状。排粪孔径随幼虫增长而扩大，孔间距离自上而下逐渐增长，隧道内无粪便与木屑。幼虫老熟后，沿蛀道上移，超过 1～3 个排泄孔，咬出羽化孔的雏形，向外达树皮，使树皮破裂，树液外流。此后，幼虫又回到蛀道内，选择适当位置化蛹，蛹室长 40～50 毫米、宽 20～25 毫米，蛹期 15～25 天。羽化后于蛹室内停留 5～7 天后，咬开羽化孔钻出。7、8 月为成虫发生期，成虫多晚间活动取食，以早晚较盛，喜啮食嫩梢树皮，被害伤疤呈不规则条块状，经 10～15 天产卵，多年生枝上产卵较多，一般在直径 10～15 毫米的枝条的中部或基部，先将皮层和木质部咬破，然后产卵其中，每处产卵 1 粒，每次可产卵 100～150 粒，产卵期约 40 天，卵期 10～15 天。天敌有啄木鸟、寄生蜂和白僵菌等。

桑天牛成虫食害嫩枝、树皮和叶片，产卵时将树皮咬伤。幼虫于枝干的皮下和木质部内向下蛀食，排出大量粪屑，破坏输导组织，削弱树势，受害枝干易折断，重者枯死（彩图 26）。

3. **防治方法**

(1) 物理防治。成虫发生期，捕杀成虫。成虫产卵期，经常检查枝干，发现产卵伤口用刀挖出卵和幼虫。发现新排粪孔时，用铁丝刺到隧道底部，上下反复几次，可刺杀幼虫。及时清除死树和死枝，消灭虫源。

（2）生物防治。 有条件的果园，要积极保护、利用自然天敌。如马尾姬蜂是桑天牛的重要天敌，应注意保护，有条件的也可以人工释放管氏肿腿蜂。还可使用球孢白僵菌可湿性粉剂 500～2 500倍液喷雾（防治成虫）或于产卵、排泄孔注射（防治幼虫）。

（3）化学防治。 6—9 月发现排粪孔后，先清除其中的粪便、木屑，注入 10％甲维·吡虫啉可溶液剂药液，再用黄泥封闭孔口。也可用 3％噻虫啉微囊悬浮剂 2 000～3 000倍液喷雾，杀虫效果良好。

（七）桃红颈天牛

1. **形态特征** 桃红颈天牛（peach longicorn beetle），又称红颈天牛、铁炮虫等，属鞘翅目（Coleoptera）天牛科（Cerambycidae）（彩图 27）。成虫体长 28～40 毫米，黑色发亮，前胸背板大部分棕红色；触角丝状，11 节，蓝紫色，基部两侧各有 1 叶状突起；前胸两侧各有刺突 1 对，背面有 4 个光滑瘤突；鞘翅表面光滑，基部比前胸宽，端部较狭。雄虫体长短于雌虫，前胸腹面密布刻点，触角超过体长 5 节；雌虫前胸腹面有较多横皱，触角超过体长 2 节。卵长椭圆形，一端较尖，初期淡绿色，后变黄色。老熟幼虫体长 38～55 毫米，乳白色，前胸宽大，前胸背板横长方形，前缘和侧缘横列 4 个黄褐色云状斑纹，中后胸较小，胸足 3 对，腹部10 节。蛹体长 26～35 毫米，初期乳白色，后变黄褐色，前胸背面前缘中央和两侧各有 1 丘状突起。

2. **发生规律及危害** 桃红颈天牛在华北地区 2～3 年发生 1代。当年以幼龄，第二年以老熟幼虫在蛀食的虫道内越冬。成虫5—8 月羽化，雨后最多，晴天中午多停息在树干上不动，雌成虫遇惊扰即飞逃，雄成虫则多走避或坠下。成虫于 5—8 月出现，各地成虫出现时期从南至北依次推迟，如福建于 5 月下旬成虫始见，河北成虫羽化高峰期在 7 月中旬（马文会等，2007）。成虫外出活动 2～3 天后开始交尾产卵，交尾多次，常于中午在枝条间进行。

卵产于树干和主枝树皮缝隙之中，一般近土面 35 厘米以内树干产卵最多，产卵期 5～7 天，产卵后不久成虫便死去。卵经过 10 天左右孵化为幼虫，幼虫先在树皮下蛀食危害，后蛀入韧皮部，当年在皮层中越冬。第二年春季幼虫恢复活动，继续向下逐渐蛀食木质部，形成不规则虫道，在蛀道内越冬。第三年春幼虫老熟，用分泌物黏结木屑，在蛀道末端内做蛹室化蛹，幼虫在化蛹前就已咬好羽化孔，被害树干蛀孔外及地面上常堆积有红褐色粪屑。

桃红颈天牛在我国分布于辽宁、内蒙古、河北、河南、山东、山西、陕西、甘肃、湖北、四川、江苏、浙江、广东、广西、福建、天津和北京等地，国外分布于朝鲜半岛、越南。

桃红颈天牛主要危害桃、李、杏、樱桃、梅等核果类果树及杨、柳、核桃等部分林木。幼虫蛀食枝干的表皮层和木质形成层，被害单株幼虫可达数十头，轻则造成树势衰弱，果量锐减，严重时造成全株死亡，影响果树生产。

3. **防治方法** 桃红颈天牛为蛀干害虫，幼虫潜藏在皮下韧皮部或木质层危害，生活史长，防治难度大。生产上常采用物理和生物方法进行防治。

(1) 人工捕捉成虫。 在成虫羽化期间，人工捕捉，能显著减少幼虫危害。

(2) 防止成虫产卵。 在成虫产卵之前，用涂白剂涂抹树干和主枝，防止成虫产卵。根据成虫喜欢产卵于主干和主枝基部的习性，用塑料薄膜包扎树干主要着卵部位，能有效阻止成虫产卵。

(3) 利用昆虫病原线虫。 昆虫病原线虫具有主动寻找寄主、易于大量人工繁殖、寄生和致死速度快等特点，利用其防治桃红颈天牛，桃红颈天牛平均死亡率为 70%～90%。

(4) 生物防治。 管氏肿腿蜂是桃红颈天牛的天敌，释放管氏肿腿蜂对桃红颈天牛有一定防治效果。皮层天牛幼虫寄生率达 10.5%～13.3%，木质层幼虫寄生率达 31.2%。

(5) 利用植物源杀虫剂。 植物源杀虫剂苦皮藤素药签对天牛幼虫防治效果较好，幼虫死亡率可达 73%左右。

（6）幼虫危害期，可采用排粪孔注药法进行防治。用兽用注射器向孔内注 0.3% 苦参碱乳油 20~40 倍液，并用杀菌剂药泥封闭孔口。

（7）树木注干。先清除其中的粪便、木屑，注入 10% 甲维·吡虫啉可溶液剂，树木胸径每 1 厘米注射 1.0~1.5 毫升药液，再用黄泥封闭孔口。还可使用球孢白僵菌可湿性粉剂 500~2 500 倍液喷雾（防治成虫）或于产卵、排泄孔注射（防治幼虫），也可用 3% 噻虫啉微囊悬浮剂 2 000~3 000 倍液喷雾，杀虫效果好。

（八）小绿叶蝉

1. 形态特征　小绿叶蝉（smaller green leafhopper）又称桃叶蝉、桃小叶蝉、小浮尘子，属同翅目（Homoptera）叶蝉科（Cicadellidae）。成虫淡绿色至绿色，体长 3.3~3.7 毫米，复眼灰褐至深褐色，无单眼。触角刚毛状，末端黑色。前翅半透明，呈革质，淡黄白色，周边具淡绿色细边；后翅透明膜质，各足胫节端部以下淡青绿色，爪褐色。跗节 3 节，后足跳跃足。前胸背板及小盾片浅绿色。腹部背板色较腹板深，末端淡青绿色。头背面略短，向前突，喙微褐，基部绿色。卵呈长椭圆形，乳白色，孵化前出现红色眼点，略弯曲，长径约 0.6 毫米，短径约 0.15 毫米。若虫体长 2.5~3.5 毫米，与成虫相似，具翅芽，初孵若虫透明，复眼红色。

2. 发生规律及危害　小绿叶蝉 1 年发生 10 代左右，以成虫在树皮缝、落叶、枯草及低矮植物上越冬。翌年春季李发芽后开始活动，飞到树上刺吸汁液，取食一段时间后交尾产卵，产卵前期 4~5 天，卵散产于新梢或叶片主脉内，卵期 5~10 天，若虫期 10~20 天，非越冬成虫寿命 30 天，完成 1 个世代 40~50 天。成虫、若虫白天活动，栖息在叶片上危害，不时由肛门排出透明蜜露。平均气温 15~25 ℃适于其生长发育，28 ℃以上时种群密度下降。连阴雨、雨量大等不利其繁殖。在李生长季，因发生期不整齐致世代重叠。6 月虫口数量增加，8—9 月最多且危害重。

小绿叶蝉成虫和若虫刺吸李芽和叶片的汁液，喜群集叶背危害，被害叶片初期叶面出现黄白色斑点，严重时斑点连片，叶片苍白，提早脱落。

3. 防治方法

（1）清理果园。早春成虫出蛰前，清除落叶及杂草，集中烧毁或深埋，减少越冬虫源。及时刮除老翘皮，可消灭部分越冬虫源。

（2）化学防治。掌握在越冬代成虫迁入后，各代若虫孵化盛期及时喷洒25％噻虫嗪悬浮剂2 500～3 500倍液、50％丁醚脲悬浮剂2 000～3 000倍液、5％高效氯氟氰菊酯水乳剂750～1 500倍液、10％吡虫啉可湿性粉剂2 500倍液、30％茶皂素水剂500倍液、45％吡蚜·异丙威可湿性粉剂800～1 200倍液、4％阿维·啶虫脒乳油3 000～5 000倍液，均能收到较好效果。

（九）大青叶蝉

1. 形态特征　大青叶蝉（green leafhopper）又称浮山子、青叶蝉、大绿浮尘子、菜蚱蜢、横着，属同翅目（Homoptera）叶蝉科（Cicadellidae）。成虫雌虫体长9～10毫米，雄虫体长7～8毫米，黄绿色，头正面淡褐色，两颊微青，左右各有1黑斑。复眼绿色；单眼两个，红色，位于头部背面，单眼之间有两个多边形的星形黑斑。前胸背板淡黄绿色，小盾片黄色。前翅绿色带有蓝青光泽，革质，尖端透明；后翅烟黑色，半透明，折叠于前翅下面。胸、腹面和足为橙黄色。卵长卵圆形，稍弯曲，长约1.6毫米，乳白色，近孵化时黄白色。若虫低龄时，呈灰白色。3龄后出现翅芽，变为黄绿色，高龄若虫似成虫，有翅芽但无翅，体长6～7毫米。

2. 发生规律及危害　大青叶蝉1年发生2～5代，以卵在枝条表面下组织内越冬，翌年春季孵化为若虫，并转移寄主危害，在这些寄主上繁殖第2～3代，一般不危害李。10月中下旬成虫飞回李园，在枝条上产卵。如李园套种蔬菜或禾草，则危害加重。成虫或若虫日夜均可取食活动，喜弹跳，若虫喜群栖，成虫趋光性强。天敌有蜘蛛、赤眼蜂和叶蝉柄翅卵蜂等。

大青叶蝉以成虫和若虫危害叶片，刺吸汁液。成虫刺破枝条表皮产卵于其中，产卵处呈月牙状翘起，卵粒整齐排列。被害严重时，枝条遍体鳞伤，经冬季低温和春季干旱，李水分过量蒸发，发育迟缓，树势削弱，严重的引起枝条和幼树枯死。1～3年生枝条受害较重，该害虫可传播病毒病。

3. 防治方法

(1) 农业防治。 及时割除李园杂草，避免间作大白菜、萝卜、甘薯等多汁晚秋作物。

(2) 物理防治。 有条件的李园，可用灯光诱杀成虫。

(3) 化学防治。 成虫产卵前，在幼树主干上刷涂白剂，可阻止成虫产卵，涂白剂还可加入少量杀虫剂。发生量大时，于10月上中旬成虫产卵前或产卵初期喷药防治成虫。除在树上喷药外，还应在树行间的杂草上喷药。药剂可选用5%氯氰菊酯乳油800～1 000倍液、20%氰戊菊酯乳油2 000倍液、25%噻虫嗪悬浮剂2 500～3 500倍液、50%丁醚脲悬浮剂2 000～3 000倍液、5%高效氯氟氰菊酯水乳剂750～1 500倍液、10%吡虫啉可湿性粉剂2 500倍液、30%茶皂素水剂500倍液、45%吡蚜·异丙威可湿性粉剂800～1 200倍液、4%阿维·啶虫脒乳油3 000～5 000倍液。

◆ 主要参考文献

陈立伟，宗晓娟，王文文，等，2012. 李矮缩病毒外壳蛋白基因克隆及原核表达研究 [J]. 中国农学通报，28 (12)：177-181.

崔红光，2013. 李属坏死环斑病毒遗传多样性分析和致病相关基因鉴定 [D]. 武汉：华中农业大学.

冷德良，肖建，王迪轩，等，2019. 桃蛀螟危害桃李的症状表现与防治要点 [J]. 科学种养，10：37-39.

李绍华，2013. 桃树学 [M]. 北京：中国农业出版社.

李学华，2005. 李红点病的发生及防治 [J]. 河北果树 (3)：45-46.

梁泊，韩新明，张承胤，2009. 桃潜叶蛾发生规律及综合防治措施 [J]. 落叶果树，5：28-29.

刘露，2014. 根癌的发生概况及综合防治措施 [J]. 北京农业 （24）：113.

陆卫明，程艳啸，1999. 李树腐烂病的综合防治 [J]. 安徽农业 （10）：3 - 5.

吕佩珂，苏惠兰，高振江，2014. 桃李杏梅病虫害防治原色图鉴 [M]. 北京：
　　化学工业出版社.

王浩，万方浩，于翠，等，2020. 检疫性有害生物李痘病毒生物学特性及预防
　　控制技术 [J]. 生物安全学报，29（1）：8 - 15.

王剑荣，冯正军，2006. 李（桃）霉斑穿孔病发生规律及防治技术 [J]. 浙江
　　柑橘（1）：41 - 42.

王小银，王强荣，李平，等，2011. 李子白粉病的发生与防治 [J]. 西北园艺
　　（果树）（2）：47.

王晓方，解劲，余如土，2006. 黑李枝腐的病因与防治 [J]. 浙江柑橘（2）：
　　37 - 38.

许长新，焦蕊，张林林，等，2019. 桃穿孔病的比较鉴别与防治 [J]. 河北果
　　树（2）：55 - 56.

杨华、彭玉基、韩秀梅，等，2012. 桃小食心虫发生规律及防控技术研究进展
　　[J]. 中国园艺文摘，5：39 - 42.

张广仁，李广旭，杨华，等，2020. 松尔膜配套药剂对李树流胶病的防治效果
　　[J]. 北方果树（1）：16 - 17，19.

张瑞珠，陈兆銮，2010. 李树褐腐病的发生与防治 [J]. 福建农业（7）：24.

第五章

李贮运保鲜与加工

一、李采后贮运

李在采收后仍然是具有生命力的有机体，采收前其呼吸作用、蒸腾作用所消耗的水分和有机物等可直接由植株所含有的水分、光合作用产物及矿物质的流动来补充，而采后呼吸作用和蒸腾作用仍在继续进行，只能通过消耗果实自身贮存的营养和水分来维持。青脆李特别是巫山脆李的采收正值夏季，环境温度高，果实代谢更加旺盛，常温下 1~3 天就失去了原有质地和风味，对李的货架期及商品性产生了严重影响。因此，做好李采收、贮藏、运输等各项工作是延缓李衰老、降低损耗、保证品质、延长市场供应周期的重要保障。

（一）采收要求

1. **采前因素**　采前因素包括了栽培环境、施肥、灌溉、病虫害防治等。进行规范管理的果园，栽培环境要求更高，农药和化肥使用更加规范，果园病虫害发生率更低，其产出的李品质相对更好，且更耐贮藏。采收前 10 天注意控制土壤水分含量，如遇降雨过多可实施覆盖避雨。采收果实污染物限量和农药残留限量应符合《食品安全国家标准　食品中污染物限量》（GB 2762）、《食品安全国家标准　食品中农药最大残留限量》（GB 2763）的要求。

2. **采收期**　采收期是影响李品质、贮藏特性的主要因素之一。若采收过早，果实尚未成熟，酸感较重，且单宁物质含量高，涩口难咽，口感不佳，同时贮藏时易失水皱皮，冷藏时果实易遭受冷害，果实的褐变率高；若采收过晚，果实过于柔软，采收与贮运过程易受机械损伤、腐烂变质，难以贮藏。因此，适宜的采收期不仅关系到果实品质的好坏，还直接影响贮运效果。

目前，生产上主要是根据李的果皮颜色、果实生长发育期等指标判断采收期。以青脆李为例，李成熟期一般分为硬熟期（果实生长已经达最大值，果皮由青绿色转为淡绿色，果肉硬脆）、完熟期（果皮由淡绿色转为浅黄色，果肉稍软）。当果实充分膨大，果皮开始呈现出该品种成熟时特有的颜色，表面覆盖有一薄层果粉，果肉仍较硬时，即达到商品果的要求。另外，也可依据果实采后用途、运销距离、贮运方法等选择合理的采收成熟度，比如用于即时食用或者短期贮藏，则可选择李完熟期进行采收，保证果实口感品质；若用于长期贮藏，可适当早采，选择硬熟期采收，可延长果实的贮藏期。也可根据果实品种进行采收期的选择，如早熟品种不耐贮藏，可作即时食用或者短期贮藏，选择适当晚采；中晚熟品种较耐贮藏，可选择适当早采后用于长期贮藏。

3. **采收技术**　采收技术主要包括采摘操作、采收时间选择、采收工具等，规范操作可以最大限度地保护李果实的完整，更有利于后续果实的贮藏及销售。

采收应在晴天气温较低时或者阴天进行，避开雨天、露（雨）水未干和高温时段。采摘时用手指捏住果柄从果枝上将果实摘下，保留李果柄和果粉，切勿持握果体，轻拿轻放，尽量做到无伤采果，减少病菌侵入的机会。若李在树上成熟度不一致时，要分批分次采收，既能增加产量和提高品质，又能增加耐贮性。采收时，所用采收筐、背篓等容器应垫有软草、纸屑或者布等保护措施。采收周转时，宜采用塑料周转筐，轻拿轻放，避免碰撞造成损伤。采后的李应放在阴凉处，避免太阳直晒，并尽快预冷入库。

（二）分选包装

1. **分选**　李采收预冷前应尽快进行分选。别除病虫果、软化果、机械损伤果，避免贮藏过程中易腐果实对其他果实进行病原菌传染；剔除畸形果、残次果，提高采后整体果品品质，增强市场竞争力。

一般在采后就地进行分选，或者搬运至就近的分选处理场所分选，要求在阴凉通风处进行。分选方法可分为人工分选和机械分选，分选过程做到轻拿轻放，不造成果实二次伤害。可按照李大小、单果重、外观颜色、成熟度、品质等进行分级处理，如特等果、一级果、二级果、三级果等。优化分级，有利于贮藏运输，以质论价，满足不同人群的消费需求。

2. 包装　良好的包装材料可以保证李的安全贮藏，减少果实之间的摩擦，以及果实与盛装容器碰撞造成的机械伤。同时，包装材料可以减少病虫害蔓延，降低呼吸速率，减少水分蒸发，起到延长果实贮藏期的作用。所采用包装材料需清洁卫生，干燥无异味，容器内壁光滑，并留有通风孔。李包装材料可采用透明塑料模盒，每盒 8~10 个果实，或者泡沫网单个包装，也可采用纸箱（5~10 千克/箱）、塑料箱（5~15 千克/箱）、木箱（10~20 千克/箱）等容器进行盛装，盛装容器不宜过大，内部放码层数不宜过多，防止压伤。

（三）预冷

1. 预冷目的　预冷是指采收分级后的李通过设施设备迅速将温度降低到适宜贮藏或稍高于贮藏温度的一种方式，从而尽快除去田间热和呼吸热，以此来降低果实内部的生理生化反应，减少营养成分的消耗和腐烂损失，最大限度地保持果实原来的新鲜品质。李采收时正值夏季，气温较高，采后果实温度一般都在 25 ℃以上，呼吸旺盛，后熟衰老速度快，如不及时预冷，品质下降速度快，商品价值迅速降低。如果温度较高的李不采取快速预冷直接入库，即使在冷藏条件下，其贮藏效果也难以如愿，而通过预冷，可减少冷藏时冷库制冷量，并保证冷藏过程中温度波动不至于过大，更有利于保持果品品质。

2. 预冷方法　李通常在采收后 2 小时内进行预冷处理，将其充分预冷至 0～3 ℃。目前可采取的预冷措施主要有自然冷风预冷、库房空气预冷、强制通风预冷，压差预冷等。

（1）自然冷风预冷。自然冷风预冷是一种简单易行的预冷方式，是指将采后的李在阴凉通风的地方放置一段时间，利用昼夜温差散去产品田间热的方法。该种方法预冷时间比较长，并且很难达到要求的预冷温度（3 ℃）以下，但在没有机械预冷设备的情况下，自然冷风预冷仍然是李采收后应用较为普遍的一种预冷方法。

（2）库房空气预冷。库房空气预冷是指将采后的李直接放在冷藏库内进行预冷，通过空气自然对流或者风机送入冷风，使冷风在果品筐（箱）周围循环，筐（箱）因外层和内部存在温差，通过对流和传导逐渐使筐（箱）内果品温度降低，达到预冷目的。该方法制冷能力有限，通常预冷速度慢，预冷时间长。

（3）强制通风预冷。强制通风预冷是通过强制冷空气的高速循环使果品快速降温的方法。该方法多采用隧道式预冷装置，具有预冷速度快的特点。

（4）压差预冷。压差预冷是在强制通风预冷方法基础上改进的一种预冷方法。将压差预冷装置安放在冷库中，当预冷装置中的鼓风机转动时，冷库气吸入预冷箱内，产生压力差，将产品快速冷却。由于压差预冷的水果包装容器通常使用规格一致的瓦楞纸箱，箱子两侧要有通气孔。预冷时，将箱子孔对孔堆叠排列，用抽风机或风扇强制抽吸或吹进冷空气。由于箱子两端形成压力差，使冷空气有效地流经箱内，可以明显提高水果的预冷速度。压差预冷与强制通风预冷相比，在货堆的上方容易造成冷风短路的地方加装了挡板，促使冷风通过指定路径流向果箱内，明显提高了通过预冷物的有效风量，加快了预冷速度。此法一般可在 5～7 小时内将果温从 30 ℃左右降到 5 ℃左右。

（四）贮藏

1. 基本要求　李属于呼吸跃变型果实，采收于高温季节，迅速后熟，出现明显的呼吸高峰和乙烯产生高峰，致使李变软、腐烂。软化是李采收后最明显的质地变化，许多研究表明果实的成熟软化主要是由细胞壁成分和相关酶（主要是水解酶）活性的变化引起的。果胶质是构成细胞初生壁和胞间层的主要成分，在果实成熟之前呈不溶状态，即原果胶，这时果肉质地坚硬，细胞结构完整。果胶的溶解是果实成熟最基本的特性，在果实的成熟过程中，果胶通常要发生解聚，可溶性增加。选择适当的贮藏方法，以及适宜的贮藏环境，能够保持良好的色泽、硬度和风味，且可最大限度地延长货架期。

李可根据贮藏时间长短选择不同的贮藏方法。短期贮藏，一般采用低温贮藏方式，贮藏温度为 0~1 ℃，相对湿度为 85%~95%，一般可贮藏 7~14 天。中期贮藏，采用低温下自发气调贮藏方式，即将预冷的李装入衬有聚乙烯塑料保鲜袋的木箱或塑料箱内，袋口对折即可，一般可贮藏 15~20 天。长期贮藏，可采用低温下气调贮藏，库内气体成分为氧气 3%~5%、二氧化碳 3%~5%，一般可贮藏 30~50 天，长期贮藏也可采用一定浓度 1-甲基环丙烯（1-MCP）加硅胶窗处理，在冷库中贮藏时间可达到 30~40 天。

2. **贮藏前处理**　贮藏前对李进行物理、化学、生物的保鲜技术处理，可以减弱李的呼吸作用，抑制乙烯合成，推迟叶绿素降解，延缓果实的成熟和衰老，并且抑制病原微生物的繁殖和一些生理病害，最大限度地保持李的品质。

（1）**物理措施**。物理处理在李保鲜上的应用较为广泛，在生产应用上主要有热激处理、冷冲击、变温、减压等措施，同时，可以采用一种或多种物理技术来延长李的贮藏保鲜时间。具有无化学污染、处理简单等优点，应多加推荐，逐步实现规模化生产应用。

（2）**化学措施**。化学处理保鲜主要是利用化学药剂抑制或杀死微生物，阻碍乙烯合成，降低呼吸速率，达到贮藏保鲜的目的。生产常用化学药剂有氯化钙、1-甲基环丙烯、高锰酸钾和多菌灵等，可采取吸附、浸泡和熏蒸等多种方式进行处理。具有易操作、成本低、效果好等优点，但存在药物残留等问题，需要按标准进行添加处理。

（3）生物措施。 主要利用微生物菌体及其代谢产物、天然提取物、遗传基因技术等，抑制有害微生物生长，减缓乙烯合成和呼吸速度，降低果实采后腐烂损失。目前应用较多为涂膜处理，如采用壳聚糖、魔芋精粉，或者再复合添加一些具有抗菌性的物质等进行涂膜。一方面通过在果实表面形成薄膜，抑制呼吸，防止失水；另一方面可利用膜自身的抑菌性或添加物的抑菌性对果实表皮菌体进行抑制，从而达到延长贮藏期的目的。具有贮藏条件易控制、处理费用低、源于天然、无环境污染、无药物残留等优点。

3. 贮藏库管理

（1）入库前。 李入库前，需对库房进行清理和消毒，并对所有设备进行检修，确保达到正常运行状态。同时，应将库房温度预先降低至或略低于李果实的贮藏温度（1 ℃）。

（2）入库。 李入库时需分批进入，每次入库量不应超过库容总量的 20%，库温上升不应超过 3 ℃。入库后，应详细记录每批次果实的入库时间、成熟度、品种等，以方便后续出库。库房内堆码的走向、排列应与库内空气循环方向一致，垛底加厚度为 10～20 厘米的垫层，垛与垛、垛与墙壁间应留有 40～60 厘米间隙，码垛高度应低于蒸发器冷风出口 60 厘米，避免出风口部位果实出现冷害，必要时可进行遮盖防冻。

（3）贮藏过程。 贮藏库内适时进行通风换气，排除过多的二氧化碳、乙烯等气体，保证库内气流畅通；实时监控库内温度和湿度情况，避免温湿度失控影响贮藏效果；定期对贮藏李进行检测，查看果实表面颜色、质地硬度、口感风味等，保证果实贮藏期内品质。

① 贮藏温度。贮藏温度是影响李贮藏保鲜寿命的主要因素之一。温度高，呼吸强度越强，耐贮藏性越差；温度低，可延长李的贮藏保鲜寿命，但温度过低会产生冷害，使果肉发生褐变，严重影响果实品质。一般建议将李贮藏在 0～1 ℃的环境，低于 0 ℃就有发生冷害的危险。因此，在贮藏过程中，应定时观测和记录贮藏库

的贮藏温度，维持贮藏温度在规定的范围内，并且尽量减少库内温度的波动，变幅不宜超过±0.5 ℃。

② 贮藏湿度。李在贮藏过程中仍和采前一样不断进行水分蒸发，若在低湿度的环境中，很容易发生失水萎蔫，果实表面皱缩，商品价值降低；同时，正常呼吸作用受到破坏，细胞内可塑性物质的水解过程加快，耐贮性和抗病性变弱。一般建议将李贮藏相对湿度控制在85％～95％，必要时可对李打蜡或采用聚氯乙烯、聚乙烯薄膜包装，阻止李失水皱缩及腐烂。在贮藏过程中，应定时观测和记录贮藏库的贮藏湿度，维持贮藏湿度在规定的范围内，并且尽量减少库内湿度的波动。

③ 气体成分。气体成分对李贮藏保鲜的影响主要有高二氧化碳伤害和低氧气伤害。二氧化碳浓度过高，将导致果实褐变、黑心等生理性病害；氧气浓度过低，则发生无氧呼吸，导致乙醇和乙醛等挥发性代谢产物的产生和积累，影响果实的风味和品质。研究表明，较低的氧气浓度可以抑制乙烯的生物合成，削弱乙烯生理作用的能力，有利于新鲜果蔬贮藏寿命的延长，在一定的温湿度条件下，可以通过调节环境中的气体成分达到抑制呼吸、延缓衰老和保持品质的目的。一般建议李气调贮藏时，氧气浓度控制在3％～5％，二氧化碳浓度可比氧气浓度稍高，但不要超过8％。在贮藏过程中，应定时观测和记录贮藏库的气体成分含量，使其维持在规定的范围内，最好能控制在±0.3％的允许波动范围内。在对气调库贮藏进行管理时，由于气调库内氧气浓度低，管理人员不能直接进入，需戴氧气面罩进入，或者解除库内的气调环境，待氧气含量回升到18％～20％时方可进入。

(五) 运输

运输是指采用各种工具和设备，通过多种方式使产品在不同区域之间实现位置移动的过程，达到调节产品市场需求，满足不同地域人民不同物资需求的目的。李是生鲜果蔬，是具有生命的活体物质，适宜的运输工具、运输条件能够最大限度地保持果品新鲜，保证果品质量。

1. **贮藏前运输** 采收后直接上市销售的果实，可在分选、包装后直接运输。近距离（500 千米以内）的可用常温运输，运输期间既要保持通风，又要做好覆盖以防失水；中远距离（500 千米以上）运输的，宜在运输前进行预冷，然后进行保温运输或者冷藏车低温（0～5 ℃）运输。

2. **贮藏后运输** 经冷藏或气调贮藏后出库的果实，近距离运输可采用保温运输，中远距离运输销售的宜采用冷藏车低温（0～5 ℃）运输。

3. **运输的环境条件及控制**

（1）振动控制。 振动是造成果实物理性损伤的直接原因，不同的运输方式、运输工具、货物放置位置等都是影响果品振动大小的因素。一般振动强度为公路运输＞铁路运输＞海路运输，一般路面＞高速公路，货车后部上端＞前部下端。因此，要做好运输中的码垛工作，尽量减少果实在运输中的振动，杜绝野蛮装卸。

（2）运输温度。 温度是运输过程中的重要环境条件，采用适宜的低温运输，对保持果品新鲜度和品质十分重要。根据国际制冷学会规定，一般果蔬的运输温度都要等于或略高于贮藏温度。李在 2～3 天的运输温度建议为 0～7 ℃，5～6 天的运输温度建议为 0～3 ℃。在运输过程中，要注意防止李受冻受热，尽量避免运输过程的温度波动。

（3）运输湿度。 对新鲜李来说，新鲜度和品质的保持需要较高的湿度条件，一般相对湿度为 85％～95％。在运输车厢内，循环空气不得过干，如果空气过干，则会导致李果实萎蔫，可使用具有加湿装置的冷藏车或者加冰运输车，提高运输环境的湿度。

（4）装载与堆码。 果实在运输车内正确的装载，对于保持果品质量有很大的作用。堆码时，确保空气能够在整个车厢中自由流通；每件货物不应直接接触车底板、壁板，应有一定的间隙，避免通过车壁、底板进入车内的热量直接传给货物，使李温度升高，加快果实腐烂；堆码时，货件不能紧靠冷藏车挡板等，以免发生低温伤害，必要时，可遮盖草席或草袋，使低温空气不直接与李接触。

（5）运输卫生。运输的工具必须安全无害且清洁，防止果品被污染；一般采用专用的果品运输工具，且在装运时，需对运输工具进行彻底的清洗或消毒；运输时，应与其他非食用货物分开装运，严禁混装混放，以免污染果品。

二、李品质要求

随着生活水平逐步提高，科学技术不断进步，人们越来越注重食品质量，对品质优良水果的需求也在增加。具有良好品质的李果实，既满足了人们的更好需求，也是提高果品价格的基础，这就对选育和栽培具有良好口感的李品种提出更高的要求。品质是一个复杂的概念，目前尚未有明确的定义。李品质主要由外观和众多内在因素的复合评价因子构成，可分为果实大小、色泽和芳香成分等感官品质，硬度、糖、酸、果胶和酚类物质等理化与营养品质，出汁率、黏度、褐变度等加工品质3个方面。不同品质因素间存在着密切相关性和相对独立性，这些品质因素对李的鲜食和加工品质都有一定影响。

（一）感官品质

感官品质分析是一种通过视觉、嗅觉、触觉、味觉和听觉感知产品感官特性的科学方法，通常用于唤起、测量、分析和解释产品，被广泛用于食品、医药、化妆品、化工、环保等工业中。

1. **果个大小和果形指数**　通常用来描述果个大小的指标主要是果实质量和果实体积，是评价果实品质的重要因素，也是划分果实等级的重要标准。果实质量是影响产量、加工适应性和消费者可接受程度的重要因素，受到品种、成熟度和栽培技术的影响。果实质量普遍采用质量法测定，即直接用电子天平进行称量。李的果个大小可用单果重、百果重来进行分级，划分成特级果、一级果、二级果及三级果等。

果形指数表示为果实纵径与横径的比值，依据果形指数的不同，可将李分为圆形或近圆形、扁圆形、椭圆形、圆锥形及长圆形等。比如，巫山青脆李为圆形或近圆形，渝北歪嘴李、槟李为圆锥形。果形指数普遍采用游标卡尺进行测量。

2. **果实色泽** 良好的果实色泽可以提高消费者的购买欲。果实色泽是新品种选育的重要评价指标，其因不同品种和成熟期不同而呈现差异。测定果实色泽的方法主要是色差计法，通过测定果皮和果肉的 L^*、a^*、b^* 值来实现。L^* 值代表亮度，L^* 值越大，亮度越高；a^* 值表示红绿，a^* 值为正偏红，a^* 值为负偏绿；b^* 值表示黄蓝，b^* 值为正偏黄，b^* 值为负偏蓝。

3. **芳香成分** 李风味是由果实的糖、酸、一些挥发性和半挥发性物质共同作用而形成的，并受品种、采前因素、成熟度和采后因素的影响。有研究人员分析了不同干燥方式青脆李果干的芳香成分，其中的真空冻干青脆李果干芳香成分可代表鲜果的香气成分，共分析鉴定出 51 种物质，约占总峰面积的 62%，主要为 2-乙基-1-己醇、正辛醇、己醛、壬醛以及壬烯醛等醇醛类物质。目前，对李果实风味物质的测定方法有顶空固相微萃取-气相色谱-质谱联用技术和电子鼻等。

（二）理化与营养品质

李的理化与营养品质主要包括果实硬度、可食率以及糖、酸、维生素、叶绿素、膳食纤维、酚类、矿物质等物质的含量。

1. **果实硬度** 果实硬度是判断果实成熟度和货架期的重要指标，也是加工罐头类产品的重要评价指标。果实硬度对果实的供应持续期、运输距离和经济效益具有非常大的影响，因此，果实硬度成为李产业发展的限制因素。随着李的流通范围越来越广泛，对硬度的要求也随之增高，果实硬度越来越受到育种者的重视。

目前测定硬度的方法主要有物性分析仪、硬度计和无损检测等方法。

2. 可食率 果实的可食率代表了可食部分质量占整果质量的百分比，与品种特性、栽培技术及成熟度有关，因此，可食率可用于品种选育评价、栽培技术评价、采收期评价。就李果实而言，其可食率就是果肉占整果质量的百分比，同一品种在其他营养品质一定的情况下，可食率与品质呈正相关，可作为评价品质的重要指标之一。有学者对重庆不同地方脆李的可食率进行统计分析，可食率在95%～98%。

3. 糖、酸 水果的风味在很大程度上取决于果实的糖、酸含量，在衡量水果理化品质时通常采用可溶性固形物、可滴定酸含量来表示。李果实内的糖主要为蔗糖、葡萄糖和果糖，属于可溶性糖。李果实中糖含量受品种、栽培技术、气候条件和成熟度影响，不同品种糖含量存在一定差异，不同成熟期蔗糖、葡萄糖和果糖含量也有明显的变化。李果实中的酸主要为有机酸。果实的风味不仅与糖、酸含量有关，而且还与糖酸比有关系，适宜的糖酸比赋予了不同品种果实的独有风味。可滴定酸的测定采用国际上通用的滴定法，单体糖、有机酸含量的测定采用高效液相色谱法和离子色谱法等。有学者对重庆不同地方脆李的可溶性固形物、可滴定酸含量进行统计分析，可溶性固形物含量在11%～16%，可滴定酸含量在0.5%～1.0%。

4. 果胶 果胶存在于植物的细胞壁和细胞内层，分为可溶性果胶和原果胶，是影响果实硬度的主要因素之一，其在适度的酸性条件下稳定，在强酸、强碱条件下均易解聚。随着果实成熟度的提高，不溶性果胶在果胶水解酶的作用下逐步水解为可溶性果胶，导致果实硬度下降，进而对果实的质地起到一定的影响。果胶的测定方法主要有咔唑比色法和D-半乳糖醛酸比色法，果胶的提取方法主要有酸水解法、微生物提取法、离子交换树脂法、酶提取法、微波提取法及超声波提取法等。

5. 酚类 酚类物质具有很好的抗氧化能力，能够延缓人体衰老，因而备受关注，果肉和果汁的褐变也与酚类物质的氧化有一定相关性。目前已从李果实中分离鉴定出的酚类物质主要为酚酸、黄烷醇、黄酮醇和花青苷4类。新绿原酸和绿原酸是主要的酚酸类物质，儿茶素和表儿茶素是主要的黄烷醇类物质，芦丁是主要的黄酮醇类物质，矢车菊素-3-葡萄糖苷、矢车菊素-3-芸香糖苷、芍药素-3-葡萄糖苷和芍药素-3-芸香糖苷是主要的花青苷物质。测定总酚含量的主要方法是福林-酚法，利用分光光度计在725纳米波长下测定吸光度值，可计算得到总酚含量。单体酚的测定方法主要为高效液相色谱法，总酚含量的测定也可以将单体酚的含量相加得到。

（三）加工特性

1. **出汁率** 出汁率是反映果实制汁特性的一项重要指标，不仅与李的品种特性及成熟度有关，也受榨汁方法和榨汁效能的影响。在营养成分、风味，加工工艺技术等相同的情况下，出汁率越高加工特性越好。在水果榨汁领域，出汁率可分为浊汁和清汁出汁率两种表示方式。在评价李加工特性时，可把硬熟期、完熟期、软熟期的李出汁率纳入试验评价因素。李属于核果类水果，可采用双道去核榨汁机进行榨汁，也可采用专用去核机去核，然后利用螺杆榨汁机取汁。

2. **褐变度** 果肉或果汁的褐变主要是由酶促褐变和非酶褐变引起的。酶促褐变是指多酚类物质在多酚氧化酶（PPO）的催化下生成醌及其聚合物的反应过程，影响酶促褐变的主要因素包括温度、pH、氧气及抑制剂等；非酶促褐变主要包括4种，即美拉德反应、焦糖化反应、抗坏血酸降解和酚类化合物的氧化聚合。褐变过程是多种褐变类型共同作用的结果，在发生酶促褐变的同时伴随着非酶褐变的发生。在加工的不同阶段，酚类化合物的氧化、美拉德反应及焦糖化反应分别扮演不同的角色。李罐头在加工和贮藏过程中，果肉的褐变也会影响产品的整体色泽和消费者的可接受程度。目前测定李褐变度的方法多是测定其在420纳米处的吸光度值，针对李相关产品褐变度的测定方法还没有相关报道。

3. 黏度　研究果汁的黏度特性，对于控制果汁品质、提高稳定性方面具有重要意义。有些果汁具有非牛顿特性，并且具有屈服值，属于塑性流体，但有些果汁在澄清或浓度比较低的情况下也表现出牛顿流体的特性。李果汁的黏度主要受品种和成熟度的影响，黏度值可用于评价李不同品种加工成果汁产品的加工适宜性，也可用于评估适宜加工果汁品种的采收期。测定黏度的方法有流变仪法、滚动落球黏度计和黏度计法等。

（四）品质标准——以重庆巫山脆李为例

1. 感官指标　重庆巫山脆李的感官指标见表 2。

表 2　感官指标

项　目	要　求
基本要求	果实完整，色泽纯正，新鲜洁净，无病虫刺伤，果面特有的白色粉层明显，平均单果重 35 克，整齐度好
色泽	果皮绿色或黄绿色，果肉浅黄色
风味	肉质脆嫩，汁多味香，酸甜适度
形态	果形端正，近圆形，缝合线明显，离核

2. 理化指标　重庆巫山脆李的理化指标见表 3。

表 3　理化指标

项　目	指　标/%
可溶性固形物	≥12
可滴定酸	<0.9
可食率	≥96

3. 分级指标　重庆巫山脆李的分级指标见表 4。

表 4　分级指标

级　别	单果重/克	指　标
特级果	>45	果形端正、整齐，酸甜适口，脆嫩化渣，汁多味香，果粉完整
一级果	40～45	果形端正、整齐，酸甜适口，脆嫩化渣，汁多味香，果粉完整
二级果	35～40	酸甜适口，脆嫩化渣，汁多味香，果粉中等

4. 安全要求　安全要求应符合 GB 2762、GB 2763 的规定。

三、李果实加工

李果实具有鲜食和加工兼备的物性特征，推进李果实加工有利于促进现代农业的规模化、基地化、标准化、安全化，有利于延长农业产业链，提升价值链，完善利益链，有利于提高农村三产融合发展和新型城镇化水平，形成以工促农、以城带乡的长效反哺机制。李可加工成果脯、话李、果汁、果酒、罐头、益生菌饮料、脆片等产品。

（一）李低糖果脯

果脯作为我国经典、特色传统休闲食品，因质地柔软、味佳形美、营养方便、耐贮藏而广受消费者喜爱。目前国内外市场上的果脯以高糖类型为主，过多食用不利于身体健康，因此，低糖果脯将成为消费主流。

1. 主要加工设施设备

（1）清洗设备。鼓泡清洗机、毛刷清洗机、强流除水机。

（2）预处理设备。李果去核机或手持去核器。

（3）渗糖设备。夹层锅或真空渗糖罐。

（4）干制设备。烘房或烘箱（电热、红外线、微波、热泵等）。

2. 工艺流程

原料 → 清洗 → 预处理（划纹或去核）→ 渗糖 → 干制 → 包装 → 成品

糖液 ↑（至渗糖）

3. 操作要点

（1）原料。 挑选果大、肉质厚、完熟、未软化的无腐烂褐变李为原料，污染物和农药残留符合 GB 2762、GB 2763 的要求。

（2）清洗。 采用人工或水果清洗设备清洗表面灰尘、污物、腐叶等，并自然沥干或使用强流除水设备除水。

（3）预处理。

① 含核型。李表面有一层蜡质，不利于渗糖，采用人工或机械进行表面划纹处理，果面划纹 20～40 刀，纹距 2.0～5.0 毫米，深度 1.0～2.5 毫米，纹路要求均匀。

② 去核型。采用人工手持去核器或专用李果去核机进行去核。

（4）制糖液。 按糖液总质量计，在 80～90 ℃热水中加入白砂糖 25.0%～40.0%、填充剂（瓜尔胶、黄原胶、羧甲基纤维素钠）0.2%～0.5%、植酸或植酸钠 0.10‰～0.25‰、食盐 0.5%～1.0%、柠檬酸 0.2%～0.5%、亚硫酸氢钠 0.1‰～0.3‰并充分溶解。

（5）渗糖。 按制作方法分主要包括煮制渗糖、真空渗糖。

① 煮制渗糖。李坯与糖液按质量比为 1∶2 比例混合，煮沸 20～30 分钟，并不断搅拌，防止锅底产生糖焦，同时去除沸腾时锅面的糖沫，以免影响果脯的外观质量。煮制后进行糖渍，上下翻动，使李坯吸糖均匀。糖渍时间不宜过长，否则李果表皮易结壳，烘干后果脯表面不起糖霜；糖渍时间过短，糖分分布不均，会影响李果脯质量。一般糖渍时间为 24 小时。

② 真空渗糖。温度 60～65 ℃，真空度 0.07～0.08 兆帕，维持 30～40 分钟，然后消压渗糖 4 小时可达到所需糖度，可大大提高糖制效率，同时有利于品质保持。

（6）干制。 渗糖后的李坯均匀放置在烘筛上，连续烘制 8～16

小时，温度控制在55～60℃，温度不宜过高，也不宜过低。过高，果脯表面易形成不透水薄层干膜，表面迅速结壳硬化，甚至出现表面焦化和干裂，干燥速率急剧下降，影响干燥效果；过低，如在适宜于细菌等微生物迅速生长的温度中停留数小时，易引起果脯腐败变质或发酸、发臭。同时在干燥过程中要经常翻动，一般每隔2～3小时翻动1次，使李果脯干燥均匀。烘至半干时，要趁热整形，逐个捻成规定形状，使果脯纹路正直，同时削去果脯表面露出的断纹，捻时要用力适度，防止捻碎纹路及李果破损。捻时速度要快，否则会影响果脯糖霜的形成，影响外观质量。根据果脯外形特征，整形为扁圆形或长圆形。整形后再干燥2～4小时，至果脯表面微有糖霜出现，内外干透，用力挤压不变形，即可停止干燥。果脯含水量控制在30%～35%。

(7) 包装。可采用独立小包装进行单果密封包装，也可采用塑料罐进行铝箔热合密封包装。

4. 产品质量要求

(1) 感官要求。具有该品种经糖渍、烘干后所应有的天然色泽；具有该品种应有的滋味，甜酸适度，干硬适度；整果状，表面无糖霜析出，无霉变，不流糖，不返砂；无肉眼可见外来杂质。

(2) 理化指标。每100克水分含量≤35克，每100克总糖（以葡萄糖计）含量≤40克，二硫化物残留量≤0.35克/千克。

(3) 微生物限量。菌落总数≤1 000 CFU/克，大肠菌群≤30 MPN（100克食品中大肠菌群的最可能数）；霉菌≤50 CFU/克，致病菌（沙门氏菌、志贺氏菌、金黄色葡萄球菌）不得检出。

（二）话李

话李属凉果类，也称加应子（嘉应子），具有甜、酸、咸等风味，含在口里有生津止渴之效，深受人们的喜爱。话李由半成品李坯加工而成，不同风味话李可通过配方调整加以实现，加工工艺基本相同。

1. 主要加工设施设备

(1) 清洗设备。鼓泡清洗机、毛刷清洗机、强流除水机。

(2) 预处理设备。打皮机。

(3) 腌制脱盐实施。腌制池（或腌制大缸）、脱盐池。

(4) 脱水与干制设备。三足脱水机或强流除水机、热风烘干机。

(5) 料液配置设备。电热搅拌夹层锅。

2. 工艺流程

原料 → 清洗 → 预处理 → 腌制 → 干燥 → 脱盐处理 → 脱水 → 浸制（← 料液配制）→ 干制 → 包装 → 成品

3. 操作要点

(1) 原料。挑选果大、肉质厚、完熟、未软化的李作原料，以红心李品种最佳，污染物和农药残留应符合 GB 2762、GB2763 的要求。

(2) 清洗。采用人工或水果清洗设备清洗表面灰尘、污物、腐叶等，并自然沥干或用强流除水设备除水。

(3) 预处理。打皮（破皮）对果皮造成一定程度损伤，才能加速后续加工过程的渗盐、渗糖进程。可采用打皮机加入粗盐共打，经滚筒转动而达到打皮目的；还可采用砂轮把果皮表面打伤，或做一块有钉的木板让李在上面滚动而破皮。

(4) 腌制。由于李采收的季节性及采收品质对果脯加工的影响，对原料保藏提出了较高要求，通过腌制工序可以实现周年原料供应和风味的统一。腌制有湿法腌制和干法腌制两种方法。湿法腌制是将李果实打皮后按一定的果实与盐水比例进行腌制，腌制时尽量将李沉没于盐水下面，上面用塑料薄膜覆盖，再加重物防止李坯上浮，腌制时间为 20～30 天，通过低盐浓度下的乳酸发酵，去除原料苦涩味。干法腌制是将打皮处理后的李果实采用层果层盐的方式进行腌制，由下至上用盐量逐渐增加，最上层用盐覆盖，并压紧压实，盐用量占李果实质量的 20%～25%，腌制 3～4 周。

（5）**干燥。**将腌制好的李坯捞出曝晒或烘干，再经过回软和复晒（复烘干）至表面出现盐霜为止，李坯含水量控制在 20%～22%，即可作为半成品李坯进行保藏。保藏时密封包装，并贮存在干燥的环境中，以免盐分吸潮，缩短半成品贮存期，常规贮存期为 0.5～1.0 年。

（6）**脱盐。**脱盐可采用多次浸泡脱盐或流水脱盐两种方式，用水应符合《生活饮用水卫生标准》（GB 5749）要求。多次浸泡脱盐，每次浸泡用水以漫过李坯为宜，2～3 小时换水 1 次，至少换水 3 次以上才能达到加工要求。流水脱盐，相比多次浸泡脱盐可有效缩短脱盐时间。单脱盐池脱盐采用一端上部进水，另一端下部出水，可防止局部无水流的作用；多脱盐池联动脱盐采用相邻池底部相连或顶部相连。脱盐标准以果肉稍带点咸味为宜，含 1%～2% 食盐时脱盐完毕，捞起果坯，并沥干水。

（7）**脱水。**通过脱水设备脱去表面多余水分，然后采用晒或烘的方式使脱盐坯失水至半干状态。

（8）**料液配制。**可根据消费嗜好添加一定比例的甘草、食盐、白砂糖、甜蜜素、柠檬酸、香兰素、茴香等食品添加剂进行熬制浓缩。

（9）**浸制。**料液倒入李坯中，待李坯吸足糖液后入缸浸制 5～7 天，注意上下翻拌均匀，每天翻拌 1 次，直至料液被李坯完全吸收为止，如有剩余，可把果坯送去干燥后再吸收剩余的料液。

（10）**干制。**在 65 ℃下烘干至含水量≤20%。

（11）**成品。**干制后的产品按一定质量装入食品袋内，封口包装。

4. **产品质量要求**

（1）**感官要求。**成品香味浓郁，质地柔嫩细软，甜咸适口，具有原料品种应有的形态、色泽、组织、滋味和气味，无异味，无霉变，无杂质。

（2）**理化指标。**含水量 15%～20%，总糖（以葡萄糖计）≤40%，氯化钠≤8%。

（3）**污染物限量。**应符合 GB 2762 的规定。

（4）微生物限量。菌落总数≤1 000 CFU/克，大肠菌群≤30 MPN，霉菌≤50 CFU/克，致病菌（沙门氏菌、志贺氏菌、金黄色葡萄球菌）不得检出。

（三）李果酒

果酒是一种以水果为原料，经调糖、调酸、酵母菌发酵、过滤、澄清、陈酿、调制等工艺，生产出来的一种具有较低酒精度、果香味独特、营养物质丰富的酒品。果酒中含有丰富的多酚类物质、人体所必需的多种氨基酸、维生素、矿物质，以及糖类、有机酸、脂类等成分，适当饮用可改善心脑血管功能，促进机体新陈代谢、血液循环，治疗高血压，预防动脉硬化，等等。

1. 主要加工设施设备

（1）去皮设备。夹层锅。

（2）清洗设备。鼓泡清洗机、毛刷清洗机、强流除水机。

（3）榨汁设备。双道去皮去核打浆机。

（4）过滤澄清设备。硅藻土过滤机。

（5）灌装封口设备。定量液体灌装机。

2. 工艺流程

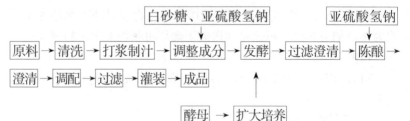

3. 操作要点

（1）原料。选择完熟，组织未软化，无霉变、无褐变、无腐烂及病虫害的李果实作为加工原料，李果实污染物及农药残留应符合GB 2762、GB 2763的要求。

（2）清洗。采用人工或水果清洗设备清洗表面灰尘、污物、腐叶等，洗涤时加入次氯酸钠50～100毫克/升，并自然沥干或使用强流除水设备除水。

（3）打浆制汁。采用双道打浆机或其他去核打浆机打浆取汁。

（4）酵母扩大培养。在 $40\sim42\ ^\circ C$ 的温开水中加 $5\%\sim10\%$ 蔗糖，并进行溶化，再加入 $0.3\%_0\sim0.5\%_0$ 的果酒酵母活化，活化至表面产生大量泡沫。

（5）调整成分。为充分保证发酵后李果酒酒精度达到 $10\%\sim14\%$（以体积百分比浓度计），打浆制汁后添加适量白砂糖，将汁液的浓度调整到 $20\sim23\,^\circ Brix$（白利糖度），再加入无水亚硫酸氢钠，质量浓度达到 100 毫克/升（以二氧化硫残留量计），充分搅拌均匀，抑制浆液带有的腐败微生物繁殖，保证发酵过程顺利进行。

（6）发酵。成分调整完毕后，将活化好的酵母加入发酵容器中，搅拌均匀后置于 $20\sim22\ ^\circ C$ 下发酵，主发酵时间为 14 天左右，直至不再有大量气泡产生且原酒和残渣分层明显为止。

（7）过滤澄清。发酵结束后采用过滤澄清设备或静置倒罐方式进行酒渣分离。过滤澄清设备一般采用的是硅藻土过滤机，同时还可以添加果胶酶、壳聚糖等澄清剂进行辅助澄清处理。

（8）陈酿。过滤澄清后酒液采用不锈钢贮液罐进行陈酿，加入无水亚硫酸氢钠，质量浓度达到 100 毫克/升（以二氧化硫残留量计），并定期倒罐，倒罐时取上清液集中到新的罐体，陈酿应尽量将罐体盛满，减少酒体氧化褐变。陈酿能使果酒香气和口感趋于平衡、柔和、协调。

（9）调配。根据消费人群、嗜好，对果酒糖、酸等成分进行调配，并封缸贮藏一段时间，过滤灌装。

4. **产品质量要求**

（1）感官指标。具有本品种正常色泽，酒液清亮，无明显沉淀物、悬浮物，无混浊现象；具有原果实特有香气，酒香浓郁，且与果香混为一体，无突出酒精气味；口感酸甜适口，醇厚纯净而无异味；甜型酒甜而不腻，干型酒干而不涩，酒体协调。

（2）理化指标。酒精度 $10\%\sim14\%$；甲醇≤0.4 克/升；可滴定酸度（以酒石酸计）$4.0\sim9.0$ 克/升；挥发酸（以乙酸计）≤

1.5 克/升；总糖（以葡萄糖计）干型≤4.0 克/升，半干型 4.1～12.0 克/升，半甜型 12.1～45.0 克/升，甜型≥45.1 克/升。

(3) 污染物限量。应符合 GB 2762 的规定。

(4) 微生物限量。菌落总数≤50 CFU/毫升，大肠菌群≤3 MPN，致病菌（沙门氏菌、志贺氏菌、金黄色葡萄球菌）不得检出。

（四）李罐头

1. 主要加工设施设备

(1) 清洗设备。鼓泡清洗机、毛刷清洗机。

(2) 去皮去核设施设备。可倾式夹层锅、搓皮机、李果去核机或手持去核器、冷却池。

(3) 预煮设备。可倾式夹层锅。

(4) 计量设备。电子秤、定量液体灌装机。

(5) 封罐设备。负压封口机。

(6) 杀菌设备。双层水浴式杀菌釜。

2. 工艺流程

原料 → 清洗 → 去皮漂洗 → 去核 → 预煮 → 装罐 → 注糖水 → 排气密封 → 杀菌冷却 → 检验成品

3. 操作要点

(1) 原料。选择完熟，组织未软化，无霉变、无褐变、无腐烂及病虫害的李果实作为加工原料，李果实污染物及农药残留应符合 GB 2762、GB 2763 的要求。

(2) 清洗。采用人工或水果清洗设备清洗表面灰尘、污物、腐叶等。

(3) 去皮漂洗。配制 3％的氢氧化钠溶液加热到 95～100 ℃，恒温 2～3 分钟后捞出迅速倒入冷水池中，用手或搓皮机去皮后洗净，除尽果面上的残碱。

(4) 去核。采用定制半自动去核设备或人工去核器去核，注意挑选出未能去核的李果实。

（5）预煮。预煮前用 1.5％的食盐水护色，最后用清水淘洗 1 次。挑选表面光滑、形态完整的果肉，放入 90 ℃水中预煮 3～5 分钟，捞出放入 70 ℃热水中浸洗去杂。

（6）装罐。按照产品规格和产品标准中固形物含量要求进行计量，并趁热装罐。

（7）注糖水。根据产品净含量的要求注入质量分数为 40％的蔗糖溶液，糖水要淹没果肉，并离顶隙 1.2～2.0 厘米，灌注糖水时要用纱布过滤糖水。

（8）真空封口。采用玻璃瓶真空封口机进行密封，抽空时间为 3～5 秒，真空度为 0.8～0.9 兆帕。

（9）杀菌冷却。将密封后的罐头置于灭菌锅中，根据产品容积大小确定合理的升温杀菌、恒温及降温时间，杀菌温度控制在 95～100 ℃，特别是降温过程中尽量避免降温过快导致玻璃瓶破损率高的问题，产品降至 40 ℃以下才能取出。

（10）检验入库。适当冷却后擦干罐身，在 37 ℃下保温 7 天检验，合格后入库。

4. 产品质量要求

（1）感官指标。果肉呈黄色，糖水透明；滋味与气味具有本品种李应有的香味，酸甜适口，无异味；形态完整，果实完全去皮，大小均匀，无机械伤和斑点，果肉软硬适度。

（2）理化指标。糖水浓度（可溶性固形物含量）12％～36％，固形物含量不低于产品标准要求的规定。

（3）污染物限量。应符合 GB 2762 的规定。

（4）微生物限量。应符合罐头食品商业无菌要求，致病菌（沙门氏菌、志贺氏菌、金黄色葡萄球菌）不得检出。

（五）李果脆片

1. 工艺流程

原料 → 清洗 → 去核（切片） → 预冻 → 冻干 → 分级 → 包装 → 成品

2. 主要加工设施设备

（1）**清洗设备**。鼓泡清洗机、毛刷清洗机、强流除水机。

（2）**去核、切片设备**。李果去核机或手持去核器、果蔬切片机。

（3）**预冻设备**。隧道速冻机（箱式速冻机、低温冻库）。

（4）**干制设备**。真空冻干设备。

（5）**包装设备**。果蔬充氮包装机。

3. 操作要点

（1）**原料**。选择完熟、组织未软化、无疤痕、无损伤、无腐烂褐变的李果实，且质地适宜刀具切片或去核的硬脆度，可溶性固形物含量在12％以上的李果实最佳。

（2）**清洗**。可通过人工或水果专用清洗设备进行清洗，清洗时应防止野蛮操作或设备设施尖锐面对果体表面和组织内部造成损失。

（3）**去核**（切片）。清洗后根据果核大小，选用手执去核器（孔径0.9～1.1厘米）或李果去核机去除果核，处理后的果实呈算盘珠状。去核整粒果产品可直接进入下一工序，片状产品需进一步劈半或切片。

（4）**预冻**。将去核（切片）李放入低温冷冻库或专用速冻设备进行预冻，预冻至中心温度在−18 ℃以下。

（5）**冻干**。先−45 ℃冻结2小时，后逐步升温，−40 ℃冻干2小时，−30 ℃冻干2小时，−20 ℃冻干2小时，−10 ℃冻干2小时，0 ℃冻干2小时，10 ℃冻干2小时，20 ℃冻干2小时，30 ℃冻干20小时。干燥时间和物料厚度、物料质地有关，总体需要36小时左右。

（6）**分拣**。根据果脆大小、外形，完整度进行分级，也可根据企业自己建立的产品标准进行分级，并将果脆中的杂质和脆片去除。

（7）**包装**。可采用具有一定抗压性能的塑料瓶进行铝箔热合密封包装，也可采用食品塑料包装袋进行充氮气包装。采用任何包装时，包装里面都应根据净含量放入适量的吸湿剂。

4. 产品质量要求

(1) 感官指标。具有该品种李加工后应有的正常颜色；具有相应品种李的滋味和香气，无异味，口感酥脆，果脆厚度和大小基本均匀一致，形态基本完好；无正常视力可见杂质。

(2) 理化指标。每 100 克水分含量≤5 克，筛下物≤3%，二硫化物残留物不得检出。

(3) 污染物限量。应符合 GB 2762 的规定。

(4) 微生物限量。菌落总数≤500 CFU/克，大肠菌群≤3 MPN，致病菌（沙门氏菌、志贺氏菌、金黄色葡萄球菌）不得检出。

（六）李果酱

1. 主要加工设备设施

(1) 清洗设备。气泡清洗机、毛刷清洗机、强流除水机、玻璃瓶清洗机。

(2) 打浆设备。双道去皮去核打浆机。

(3) 浓缩设备。可倾式自动搅拌夹层锅。

(4) 灌装封口设备。全自动计量酱料灌装机（或半自动酱料灌装机）、玻璃瓶真空封口机。

(5) 杀菌设备。喷淋杀菌机。

2. 工艺流程

3. 操作要点

(1) 原料。选择达到硬熟期及完熟期的李，各种品种都适合加工成果酱，红果品种最佳。

(2) 挑选。去除腐烂、褐变、发酵的李，并去除树叶、树枝及其他异物等，未发生褐变、腐烂、发酵的损伤、裂口果可作为加工原料。

（3）清洗。采用果蔬专用清洗设备清洗表面灰尘、腐叶、虫卵等污物，并除去表面水，清洗用水符合 GB 5749 的要求。

（4）破碎打浆。采用仁果打浆机将李打成原浆，同时添加 0.2%～0.5%的 D-异抗坏血酸钠、0.04‰～0.06‰乙二胺四乙酸二钠进行护色。

（5）加热浓缩。按原浆质量、可溶性固形物含量加入 20%～35%白砂糖、0.1%～0.3%稳定增稠剂（果胶、黄原胶、结冷胶等）浓缩，温度控制在 80～95 ℃，浓缩过程不断搅拌，浓缩至用刮板刮上的原料呈流体状，可以缓慢流动，但不会立即下滴为止。

（6）洗瓶。新订购的带包膜玻璃瓶可直接清水清洗后沥干去水进入灌装工序；如果是回收瓶需用 3%～5%的热碱水浸泡冲洗，再用清水清洗。

（7）装罐及密封。浓缩完成后即时出锅装罐，每锅出锅至装罐封口时间不超过 30 分钟，封口时果酱温度在 80 ℃以上，防止微生物污染。

（8）杀菌冷却。杀菌温度 100 ℃，杀菌时间 20～30 分钟，水冷却至 38 ℃以下即可。

4. 产品质量要求

（1）感官指标。具有该产品应有的色泽，青脆李果酱呈淡黄色或黄色，脆红李果酱呈淡红色或红色；无异味，酸甜适中，口味纯正，具有该品种应有的风味；酱体细腻均匀，徐徐流散，无明显分层和汁液析出，无糖的结晶；无外来杂质。

（2）理化指标。可溶性固形物含量（以 20 ℃折光计）45.0%～55.0%。

（3）污染物限量。应符合 GB 2762 的规定。

（4）微生物限量。菌落总数≤100 CFU/克，大肠菌群≤3 MPN，致病菌（沙门氏菌、金黄色葡萄球菌）不得检出。

◆　**主要参考文献**

曹建康，姜微波，赵玉梅，等，2007. 果蔬采收生理生化实验指导［M］. 北京：中国轻工业出版社.

程云清，2003. 李果实采后生理生化变化及其调控技术研究［D］. 武汉：华中农业大学.

孟坤，2010. 1 - MCP 间歇处理和壳聚糖涂膜对采后'大石早生'李成熟衰老调控的研究［D］. 保定：河北农业大学.

余德亿，黄鹏，方大琳，等，2011. 李子贮藏保鲜技术及其应用前景［J］. 中国食物与营养（9）：53 - 57.

赵镭，汪厚银，刘文，2007. 食品感官分析实验室现状及发展建议［J］. 世界标准信息（8）：48 - 54.

郑永华，2006. 食品贮藏保鲜［M］. 北京：中国计量出版社.

Stone H，Side J L，2008. 感官评定实践［M］. 陈中，陈志敏，等译. 北京：化学工业出版社.

彩图1　巫山脆李

彩图2　粉黛脆李

彩图3　金翠李

彩图4　宛　青

彩图5　丘陵山区坡改梯

彩图6　李褐腐病在果实上的危害症状

彩图7　李袋果病在果实上的危害症状

彩图8　褐斑穿孔病在叶片上的危害症状（吴常彬，陈鹏飞，2020）

彩图9　李红点病在叶片和果实上的危害症状（周进军，吴常彬，2019）

彩图10 炭疽病在果实和叶片上的危害症状（陈鹏飞，吴常彬，2019）

彩图11 疮痂病在果实和新梢上的危害症状（周进军，吴常彬，2019）

彩图12　白粉病在叶片上的危害症状（周进军，2019）

彩图13　褐锈病在李上的危害症状（周进军，2019）

彩图14 膏药病的危害症状（孟鑫泉等，2019）

彩图15 枝干流胶（吴常彬，孟鑫泉，2020）

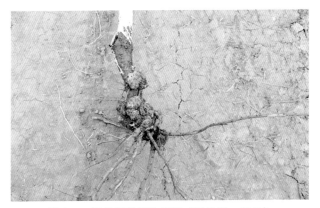

彩图16 根癌病引起的根瘤（吴常彬，2019）

彩图17 细菌性穿孔病在叶片上的危害症状（周进军等，2018）

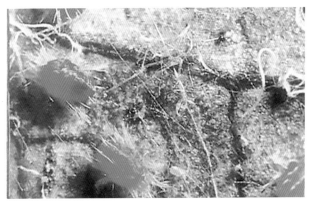

彩图18 山楂叶螨（吕佩珂，1993）

彩图19　蚜虫在叶片上的危害症状（孟鑫泉，2020）

彩图20　桑盾蚧在枝干上的危害症状

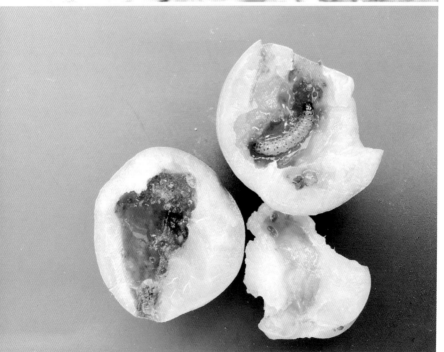

彩图21 桃蛀螟在果实上的危害症状（吴常彬，2020）

彩图22　梨小食心虫的危害症状（周进军等，2020）

彩图23　李小食心虫在果实上的危害症状（引自国光股份）

彩图24　潜叶蛾在叶片上的危害症状(周进军，2019)

彩图25　铜绿丽金龟在果实上的危害症状（吴常彬，2020）

彩图26　桑天牛幼虫在树干上的危害症状（古茂林，2020）

彩图27　桃红颈天牛